高等职业教育机电类专业"十二五"规划教材

交直流调速系统

刘建华　张静之　主　编
薛洪亮　王凤华　副主编

U0312884

中国铁道出版社
CHINA RAILWAY PUBLISHING HOUSE

内 容 简 介

交直流调速系统是高职院校自动化、机电一体化等机电类相关专业的一门必修专业课程。本书从实用的角度出发,结合技能鉴定要求,系统介绍了交直流调速系统中的单闭环直流调速系统、双闭环直流调速系统、直流可逆调速系统、直流脉宽调速系统、变频调速基本原理、变频器应用、交流调压调速系统、串级调速系统等内容。

本书适合作为高职院校自动化、机电一体化等机电类相关专业的教材,也可供从事交直流调速相关工作的工程技术人员和参加维修电工技能鉴定的人员参考。

图书在版编目(CIP)数据

交直流调速系统 / 刘建华,张静之主编. —北京:
中国铁道出版社,2012.8 (2017.12重印)
高等职业教育机电类专业"十二五"规划教材
ISBN 978-7-113-14979-6

Ⅰ.①交… Ⅱ.①刘… ②张… Ⅲ.①直流电机-调速-高等职业教育-教材②交流电机-调速-高等职业教育-教材 Ⅳ.①TM330.12②TM340.12

中国版本图书馆 CIP 数据核字(2012)第 192473 号

书　　名:交直流调速系统
作　　者:刘建华　张静之

策　　划:张永生
责任编辑:张永生
编辑助理:绳　超
封面设计:付　巍
封面制作:刘　颖
责任印制:李　佳

出版发行:中国铁道出版社(100054,北京市西城区右安门西街 8 号)
网　　址:http://www.tdpress.com/51eds/
印　　刷:三河市航远印刷有限公司
版　　次:2012 年 8 月第 1 版　　2017 年 12 月第 3 次印刷
开　　本:787mm×1092mm　1/16　　印张:10　　字数:240 千
印　　数:4 001~5 000 册
书　　号:ISBN 978-7-113-14979-6
定　　价:22.00 元

　　交直流调速系统是当前高职院校自动化、机电一体化等机电类相关专业的一门专业必修课程，在机电类行业起着非常重要的作用。目前，介绍交直流调速系统的教材及参考书籍并不少见，但大多数为本科教材，主要以电路设计为主，存在着理论性较强、缺乏实际应用分析、与工业生产实际脱节等问题。不少高职教材也仅满足于对本科教材的精简，并不完全适用于高职院校的教学，本书力求有所突破。

　　本书面向高等职业教育，根据高职教育的教学目标和学习特点，结合维修电工、高级工技能鉴定的要求，在内容上以交直流调速系统中典型的单闭环系统、双闭环系统、可逆系统、PWM 的控制形式、变频调速系统、变频器应用、交流调压调速、串级调速系统等作为主要内容。本书遵循从易到难的教学规律，避免任务驱动型教材应用上的局限性和传统理论教材不注重应用的弊端，使学生对所学内容有一个深入、完整的认识。

　　本书由上海工程技术大学高职学院刘建华、张静之担任主编，薛洪亮、王凤华担任副主编。具体编写分工如下：第 1～4 章由刘建华编写；第 5～6 章由张静之编写；第 7 章由薛洪亮、王凤华编写。全书由刘建华负责统稿。

　　本书在编写过程中，参考并引用了一些相关资料，难以尽数列举，在此对这些资料的作者一并表示衷心的感谢。

　　由于编者水平有限，编写经验不足，加之时间仓促，错误和疏漏在所难免，恳请读者提出宝贵意见。

编　者

2012 年 6 月

目 录

第1章 单闭环直流调速系统

1.1 开环系统与闭环系统

1.1.1 直流电动机的调速方法

直流电动机具有良好的启动、制动性能,宜于在大范围内平滑调速,因而在许多需要调速和快速正反转的电力拖动系统中得到了广泛的应用。

(1)调速。在一定的最高转速和最低转速范围内,分挡地(有级)或平滑地(无级)调节转速。

(2)稳速。以一定的精度在所需转速上稳定运行,在各种干扰下不允许有过大的转速波动,以确保产品质量。

(3)加速、减速。频繁启动、制动的设备要求加速、减速尽量快,以提高生产率;不宜经受剧烈速度变化的机械则要求起、制动尽量平稳。

根据直流电动机转速方程

$$n=\frac{U-I_\mathrm{d}R}{K_\mathrm{e}\Phi_\mathrm{N}}=\frac{U}{K_\mathrm{e}\Phi_\mathrm{N}}-\frac{R}{K_\mathrm{e}\Phi_\mathrm{N}}I_\mathrm{d}=n_0-\Delta n \qquad (1\text{-}1)$$

由式(1-1)可以看出,有三种方法调节电动机的转速:

(1)调节电枢供电电压 U。保持 R 与 Φ_N 不变,只改变电枢电压 U,此时 $n_0=\dfrac{U}{K_\mathrm{e}\Phi_\mathrm{N}}$,即 n_0 随 U 变化,而 $\Delta n=\dfrac{R}{K_\mathrm{e}\Phi_\mathrm{N}}I_\mathrm{d}$ 不变。随 U 不同,转速曲线是一组平行线,如图 1-1 所示。由于电压 U 不能超过额定电压 U_N,故调节电枢电压调速只能在额定转速以下进行,且电压越低,转速越低,同时特性硬,调速精度高,最常用。

(2)减弱励磁磁通 Φ。保持 R 与 U 不变,只改变励磁磁通 Φ,此时 $n_0=\dfrac{U}{K_\mathrm{e}\Phi_\mathrm{N}}$,即 n_0 随励磁磁通 Φ 变化,而 $\Delta n=$

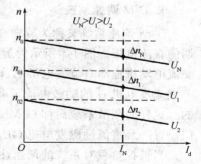

图 1-1 调节电枢供电电压调速

$\dfrac{R}{K_\mathrm{e}\Phi_\mathrm{N}}I_\mathrm{d}$ 也随励磁磁通 Φ 变化。随 Φ 不同,转速曲线如图 1-2 所示。由于励磁磁通 Φ 不能超

过额定励磁磁通 Φ_N，故励磁磁通 Φ 只能减小，因此 n_0 增大。故只能在额定转速以上调速，且磁通越小，转速越高，同时特性软，调速精度低，一般不单独使用。

（3）改变电枢回路电阻 R。保持 Φ_N 与 U 不变，只改变电枢电阻 R，此时 $n_0 = \dfrac{U}{K_e \Phi_N}$ 不变，而 $\Delta n = \dfrac{R}{K_e \Phi_N} I_d$ 随电枢电阻 R 变化。随电枢电阻 R 不同，转速曲线如图 1-3 所示。由于电枢电阻 R 只能外接附加电阻增大，故只能在额定转速以下调速，且电阻越大，转速越低，同时特性软，调速精度低，通常外接附加电阻为分段电阻，因此为有级调速，一般很少采用。

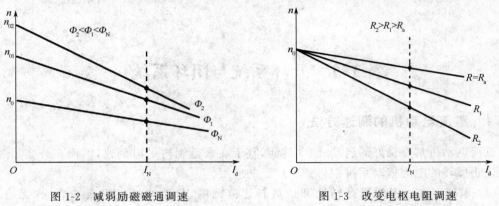

图 1-2　减弱励磁磁通调速　　　　　图 1-3　改变电枢电阻调速

三种调速方法的性能与比较：对于要求在一定范围内无级平滑调速的系统来说，以调节电枢供电电压的方式为最好；改变电阻只能有级调速；减弱磁通虽然能够平滑调速，但调速范围不大，往往只是配合调压方案，在基速（即电机额定转速）以上作小范围的弱磁升速。

因此，自动控制的直流调速系统往往以调压调速为主。

1.1.2　直流调速系统的供电方式

由以上分析可知，调压调速是直流调速系统的主要调速方法，要调节电枢供电电压就需要有专门的可控直流电源。一般自动控制系统中常用的可控直流电源有以下三种：

1. G-M 调速系统

G-M 调速系统又称为旋转变流机组。采用交流电动机和直流发电机组成机组，以获得可调的直流电压。图 1-4 所示为旋转变流机组和由它供电的直流调速系统原理。该系统由一台交流电动机拖动直流发电机 G，再由直流发电机 G 对需要调速的直流电动机 M 进行供电，调节直流发电机 G 的励磁电流 i_f 即可改变其输出电压 U，从而达到调节电动机的转速 n 的目的。这样的调节系统简称 G-M 系统。为了给直流发电机 G 和电动机 M 提供励磁，通常要专门设置一台直流励磁发电机 GE，可装在变流机组同轴上，也可用另外一台交流电动机拖动。

当被控负载对系统的调速性能要求不高时，励磁电流 i_f 可直接由励磁电源供电。但对要求较高的闭环调速系统一般都要通过放大装置进行控制。G-M 系统的放大装置多采用电机型放大器（如交磁放大机）和磁放大器，当需要进一步提高放大器放大倍数时，还可增设前级放大（通常用电子放大器）。

由于 G-M 系统需要旋转变流机组，其中至少包含两台与调速电动机容量相当的旋转电

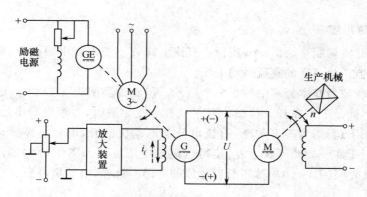

图 1-4　旋转变流机组供电的直流调速系统（G-M 系统）

机，还要有一台励磁发电机，因而具有设备多、体积大、效率低、费用高、安装复杂、运行噪声大、维护不方便的缺点。

2. V-M 调速系统

用静止可控整流器，例如晶闸管可控整流器，以获得可调的直流电压。如图 1-5 所示为晶闸管-电动机调速系统，简称 V-M 系统，是近年来直流调速系统的主要形式。

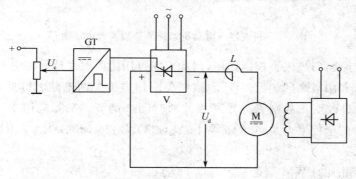

图 1-5　晶闸管可控整流器供电的直流调速系统（V-M 系统）

图中 V 是晶闸管可控整流器，通过调节触发脉冲装置 GT 的控制电压来移动触发脉冲的相位，达到改变整流器输出电压 U_d，从而实现平滑调速。

晶闸管可控整流器的功率放大倍数很大，一般在 10^4 以上，其门极电流可以直接用晶体管驱动，无须较大的功率放大装置，能实现快速控制，大大提高了系统的动态性能。

晶闸管可控整流器的缺点主要表现在：

（1）由于晶闸管具有单向导电性，即不允许电流反向，给系统的可逆运行造成困难。

（2）晶闸管元器件过载能力差，对过电压、过电流及过高的电压上升率、电流上升率，任一指标超过允许值都可能在短时间内造成晶闸管元器件损坏。

（3）当系统处于深调速状态在较低速运行时，晶闸管的导通角很小，使系统的功率因数很低，且会产生较大的谐波电流，导致电网电压发生畸变，殃及附近的用电设备，造成所谓的"电力公害"。

3. PWM 调速系统

直流斩波和脉宽调制变换器——用恒定直流电源或不控整流电源供电,利用直流斩波器或脉宽调制变换器产生可变的直流平均电压。

晶闸管直流斩波器基本原理如图 1-6(a)所示。但此处晶闸管 VT(位于 PWM 装置内)不是受相位控制的,而是工作在开关状态。当 VT 被触发导通时,直流电源电压 U_S 加到电动机上,电动机在全压下运行;当 VT 关断,直流电源与电动机断开,电动机经续流二极管 VD 续流,两端电压接近于零。如此不断重复,使得电枢端电压波形如图 1-6(b)所示。相当于使电源电压 U_S 在一段时间($T-t_{on}$)内被斩断后形成的波形。这样,电动机得到的平均电压为

$$U_d = \frac{t_{on}}{T}U_S = \rho U_S \tag{1-2}$$

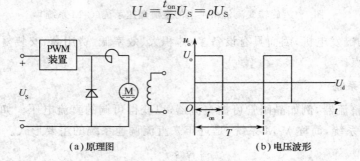

（a）原理图　　　　　　　　　（b）电压波形

图 1-6　斩波器-电动机系统的原理图和电压波形

晶闸管一旦导通,门极失去控制作用,因此不能再用门极触发信号将它关断。若要关断晶闸管,必须在阳极和阴极之间加反向电压,这需要附加强迫关断电路。可见,直流斩波器的平均电压 U_d 可以通过改变主晶闸管的导通或关断时间来调节。实际应用中,常用既可控制开通,又可控制关断的全控型电力电子元器件(如 GTO、GTR、MOSFEAT、IGBT 等)替代晶闸管和强迫关断电路。

与 V-M 系统相比,PWM 调速系统有以下优点:

(1) 由于 PWM 调速系统的开关频率较高,仅靠电枢电感的滤波作用就足以获得脉动较小的直流电流,因此电枢电流容易连续,系统的低速运行较平稳,调速范围较宽,可达1：10 000。同时由于 PWM 调速系统电流波形比 V-M 调整系统波形好,在相同的平均电流(即相同的输出转矩)下,电动机的损耗和发热都较小。

(2) 由于 PWM 中的电力电子元器件开关频率高,若与快速响应的电机配合,则可使系统获得很宽的频带。其快速响应性能好,动态抗扰能力强。

(3) 由于电力电子元器件只工作在开关状态,主电路损耗较小,PWM 控制装置效率较高。

缺点:受到元器件容量的限制,直流 PWM 调速系统目前只用于中、小功率的系统。

1.1.3　调速指标

调速系统的调速指标通常分为静态调速指标和动态调速指标两类。

1. 静态调速指标

(1) 调速范围。额定负载下,生产机械要求电动机提供的最高转速与最低转速之比称为

调速范围。用大写字母 D 表示,没有单位,即

$$D=\frac{n_{0max}}{n_{0min}} \tag{1-3}$$

一般 n_{0max} 为电动机铭牌上所标的额定转速 n_N。通常要求调速范围 D 要尽量大一些,即调速范围比较宽。

(2)静差率。当系统在某一转速下运行时,负载由理想空载增加到额定值时所对应的转速降落 Δn_N 与理想空载转速 n_0 之比,称作静差率 s,如图 1-7 所示。

$$s=\frac{\Delta n_N}{n_0}\times100\% \tag{1-4}$$

静差率越小,转速降越小,系统的抗干扰能力越强。静差率和机械特性硬度是有区别的。一般调压调速系统在不同转速下的机械特性是互相平行的。对于同样硬度的特性,理想空载转速越低,静差率越大,转速的相对稳定度也就越差,如图 1-7所示。例如,在 1 000 r/min 时降落 10 r/min,只占 1%;在 100 r/min 时同样降落 10 r/min,就占 10%;如果在只有 10 r/min时,再降落 10 r/min,就占 100%,这时电动机已经停止转动,转速全部降落完了。

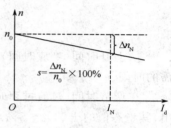

图 1-7　静差率

因此,调速范围和静差率这两项指标并不是彼此孤立的,必须同时考虑才有意义。调速系统的静差率指标应以最低速时所能达到的数值为准。

(3)调速范围、静差率和额定速降之间的关系。设:电机额定转速 n_N 为最高转速,转速降落为 Δn_N,则按照上面分析的结果,该系统的静差率应该是最低速时的静差率,即

$$s=\frac{\Delta n_N}{n_{0min}}=\frac{\Delta n_N}{n_{min}+\Delta n_N} \tag{1-5}$$

于是,最低转速为

$$n_{min}=\frac{\Delta n_N}{s}-\Delta n_N=\frac{(1-s)\Delta n_N}{s} \tag{1-6}$$

而调速范围为

$$D=\frac{n_{max}}{n_{min}}=\frac{n_N}{n_{min}} \tag{1-7}$$

将式(1-6)代入式(1-7),得

$$D=\frac{n_N s}{(1-s)\Delta n_N} \tag{1-8}$$

式(1-8)为调压调速系统的调速范围、静差率和额定速降之间所应满足的关系。对于同一个调速系统,当 Δn_N 值一定时,如果对静差率要求越高,即要求 s 值越小时,系统能够允许的调速范围也越小。一个调速系统的调速范围是指在最低速时还能满足所需静差率的转速可调范围。

2. 动态性能指标

动态性能指标是指在给定控制信号和扰动信号作用下,控制系统输出在动态响应中的各

项指标。动态性能指标分成给定控制信号和扰动信号作用下两类性能指标。

（1）给定控制信号作用下的动态性能指标。系统在单位阶跃给定控制信号作用下的动态响应曲线如图 1-8 所示。

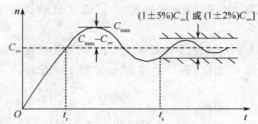

图 1-8　给定控制信号作用下的动态主要性能指标

① 上升时间（响应时间）t_r：从加上阶跃给定的时刻起到系统输出量第一次达到稳态值所需的时间。

② 调节时间（过渡过程时间）t_s：从加上阶跃给定的时刻起到系统输出量进入（并且不再超出）其稳态值的 $\pm(2\% \sim 5\%)$ 允许误差范围之内所需的最短时间。

③ 超调量 σ：指在动态过程中系统输出量超过其稳态值的最大偏差与稳态值之比，超调量通常用百分数表示。

$$\sigma = \frac{C_{max} - C_\infty}{C_\infty} \times 100\% \tag{1-9}$$

超调量 σ 指标用来表征系统的相对稳定性，超调量 σ 小表示系统的稳定性好。t_r 用来表征系统动态过程的快速性，t_r 越小表示系统快速性越好。这两者往往是互相矛盾的，减少了超调量 σ，就导致 t_r 增加，也就延长了过渡过程时间。反之，缩短过渡过程时间，也就减小 t_r，但又增加了超调量 σ。

（2）扰动信号作用下的动态主要性能指标。系统在突加阶跃扰动作用下动态响应曲线如图 1-9 所示。

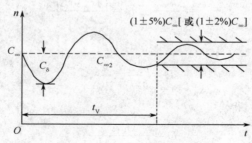

图 1-9　扰动信号作用下的动态性能指标

① 最大动态速降 δ_m：在突加阶跃扰动作用下，系统输出响应的最大动态速降，动态速降常用百分数表示。

$$\delta_m = \frac{C_\infty - C_\delta}{C_\infty} \times 100\% \tag{1-10}$$

② 恢复时间 t_V：从加上突加阶跃扰动的时刻起到系统输出量进入原稳态值的 95% ～

98%范围内,即与稳态值之差±(2%～5%)所需的最短时间。最大动态速降越小,恢复时间 t_V 越小,说明系统的抗扰能力越强。

1.2　转速负反馈直流调速系统

1.2.1　晶闸管整流器供电的直流电动机开环调速特性

如图 1-10 所示为晶闸管-电动机速度控制系统。图中电动机是被控对象,转速 n 是要求实现自动控制的物理量,称为被控量(输出量),转速给定 U_n^* 为系统输入量。当系统输入端给定一个电压 U_n^*(输入量)时,电动机就对应一个转速 n(输出量)。当给定电压 U_n^* 增大时,通过触发脉冲装置 GT 使晶闸管整流装置的控制角 α 减小,晶闸管整流装置输出电压 U_d 增加,电动机的转速增加。

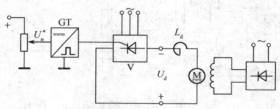

图 1-10　晶闸管-电动机速度控制系统

开环系统对应的系统框图如图 1-11 所示。图中作用于系统输入端的量 U_n^* 为输入量,作用于被控对象(电动机)的量 U_d 称为控制量,转速 n 是要求控制的输出量,亦称为被控量。

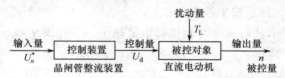

图 1-11　晶闸管-电动机速度控制系统框图

作用于被控对象(电动机)的负载转矩 T_L 称为扰动量。从理论上来说所有使被控量即转速 n 偏离给定值的因素都是扰动,如电源电压的波动、电动机励磁电流的变化等因素在转速给定值 U_n^* 不变时,都将引起被控量(转速 n)的变化。

为了分清主次,把各种扰动分为主扰动和次扰动,系统分析时主要考虑主扰动。对于图 1-10 所示直流电动机控制系统,电动机负载转矩 T_L 为主扰动。上述控制系统输出量(被控量)只能受控于输入量,输出量不反送到输入端参与控制的系统称为开环控制系统。

开环控制系统可以按给定量控制方式组成系统,也可以按扰动控制方式组成系统。图 1-10 所示开环控制系统是按给定量控制的开环控制系统。

按扰动控制的开环控制系统,用仪器仪表来测量扰动,使系统按照扰动进行控制,以减小或抵消扰动对输出量的影响,这种开环控制系统也称为前馈控制系统。前馈控制系统是利用可测量的扰动量产生一种补偿作用,能针对扰动迅速调整控制量,使被控量及时得到调整,以提高抗扰动性能和控制精度。

按给定量控制的开环控制系统结构简单、调整方便、成本低,但控制系统抗扰动性能差,控制精度低,往往不能满足生产要求。

由于在加工过程中负载转矩变化而产生不同的转速降,从而引起转速波动,造成加工精度差,不能满足生产要求。为了提高抗扰动性能和控制精度,可采用闭环控制(反馈控制)系统。

1.2.2　转速负反馈直流调速系统的组成

根据自动控制原理,反馈控制的闭环系统是按被调量的偏差进行控制的系统,只要被调量出现偏差,它就会自动产生纠正偏差的作用。调速系统的转速降正是由负载引起的转速偏差。显然,引入转速闭环将使调速系统大大减少转速降。闭环控制系统又称反馈控制系统。如图 1-12所示为晶闸管整流装置供电的直流电动机闭环控制系统。

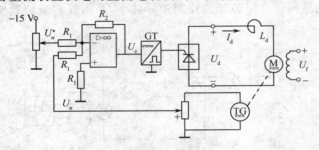

图 1-12　晶闸管整流装置供电的直流电动机闭环控制系统

测速发电机 TG 与电动机 M 装在同一机械轴上,并从测速发电机 TG 引出转速负反馈电压 U_n,此电压正比于电动机的转速 n。该转速反馈电压 U_n 与给定电压 U_n^* 进行比较,其差值 $\Delta U = U_n^* - U_n$ 经调节放大器后输出控制电压 U_c,经触发器 GT 控制晶闸管变流器的输出电压 U_d 从而控制电动机转速 n,使转速 n 与转速给定值趋于一致。图 1-12 所示直流电动机闭环控制系统的框图如图 1-13 所示。

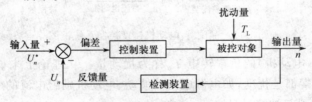

图 1-13　闭环控制系统框图

当负载增加时,电动机转速 n 下降,则转速反馈电压 U_n 减小。由于转速给定电压 U_n^* 不变,偏差 $\Delta U = U_n^* - U_n$ 增加,通过调节放大器,使晶闸管变流器输出电压 U_d 增加,从而使电动机的转速 n 回升。该调节过程可以表示为:

$$负载 \uparrow \rightarrow I_d \uparrow \rightarrow n \downarrow \rightarrow U_n \downarrow \rightarrow \Delta U_n \uparrow \rightarrow U_c \uparrow \rightarrow U_d \uparrow$$

$$n \uparrow$$

由此可见,当 U_n^* 不变而电动机转速 n 由于某种原因而产生变化时,可通过转速负反馈自动调节电动机转速 n 而维持电动机稳定,从而提高了控制精度。

比较图 1-10 开环控制系统和图 1-12 闭环控制系统可以发现,闭环控制系统与开环控制系统最大的差别在于闭环控制系统存在一条从被控量(转速 n)经过检测反馈元器件(测速发电机)到系统输入端的通道,这条通道称为反馈通道。闭环控制系统有以下三个重要功能:

(1) 检测被控量;

(2) 将被控量检测所得的反馈量与给定值进行比较得到偏差;

(3) 根据偏差 ΔU_n 对被控制量进行调节。

综上所述,闭环控制系统是建立在负反馈基础上,按偏差进行控制,当系统由于某种原因使被控制量偏离希望值而出现偏差时,必定会产生一个相应的控制作用去减小或消除这个偏差,使被控制量与希望值趋于一致。

1.2.3　转速负反馈直流调速系统的分析

假定忽略各种非线性因素,系统中各环节的输入、输出关系都是线性的,或者只取其线性工作段,同时忽略控制电源和电位器的内阻。可以分析闭环调速系统的稳态特性,以确定它是否能够减少转速降。

转速负反馈直流调速系统中各环节的稳态时,电压比较环节输出电压

$$\Delta U_n = U_n^* - U_n \tag{1-11}$$

设反馈系数为 α,则测速反馈环节的反馈电压

$$U_n = \alpha n \tag{1-12}$$

将式(1-12)代入式(1-11)可得

$$\Delta U_n = U_n^* - U_n = U_n^* - \alpha n \tag{1-13}$$

设放大器的电压放大系数为 K_P,则放大器构成的调节器输出电压

$$U_c = K_P \cdot \Delta U_n \tag{1-14}$$

将式(1-13)代入式(1-14)可得

$$U_c = K_P \cdot \Delta U_n = K_P(U_n^* - \alpha n) \tag{1-15}$$

把晶闸管触发和整流装置当作系统中的一个环节来看待,晶闸管触发与整流装置的输入-输出电压放大倍数为 K_S,则整个电力电子变流装置输出电压

$$U_d = K_S U_c \tag{1-16}$$

将式(1-15)代入式(1-16)可得

$$U_d = K_S U_c = K_S K_P(U_n^* - \alpha n) \tag{1-17}$$

而直流电动机开环机械特性

$$n = \frac{U_d - I_d R}{K_e \Phi_N} \tag{1-18}$$

将式(1-17)代入式(1-18)可得

$$n = \frac{U_d - I_d R}{K_e \Phi_N} = \frac{K_S K_P(U_n^* - \alpha n) - I_d R}{K_e \Phi_N} \tag{1-19}$$

整理后可得转速负反馈闭环直流调速系统的静特性方程

$$n = \frac{K_S K_P U_n^* - I_d R}{K_e \Phi_N \left(1 + \dfrac{K_S K_P \alpha}{K_e \Phi_N}\right)} \tag{1-20}$$

令 $K = \dfrac{K_S K_P \alpha}{K_e \Phi_N}$，称为闭环系统的开环放大系数。$C_e = K_e \Phi_N$ 称为电动机的电动势系数。则式(1-20)经整理可得转速负反馈闭环直流调速系统的静特性方程

$$n = \frac{K_S K_P U_n^* - I_d R}{C_e(1+K)} = \frac{K_S K_P (U_n^*)}{C_e(1+K)} - \frac{I_d R}{C_e(1+K)} \qquad (1\text{-}21)$$

可将以上各环节绘制成闭环系统的稳态结构框图，如图 1-14 所示。

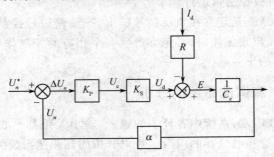

图 1-14　转速负反馈闭环直流调速系统稳态结构框图

闭环调速系统的静特性表示闭环系统电动机转速与负载电流(或转矩)间的稳态关系，它在形式上与开环机械特性相似，但本质上不同，故定名为"静特性"，以示区别。因此根据直流电动机转速公式 $n = n_0 - \Delta n$，可得闭环时

$$n_{0b} = \frac{K_S K_P U_n^*}{C_e(1+K)} \qquad (1\text{-}22)$$

$$\Delta n_b = \frac{I_d R}{C_e(1+K)} \qquad (1\text{-}23)$$

如果断开反馈回路，则上述系统的开环机械特性为

$$n = \frac{K_S K_P U_n^* - I_d R}{C_e} = \frac{K_S K_P U_n^*}{C_e} - \frac{I_d R}{C_e} \qquad (1\text{-}24)$$

则

$$n_{0k} = \frac{K_S K_P U_n^*}{C_e} \qquad (1\text{-}25)$$

$$\Delta n_k = \frac{I_d R}{C_e} \qquad (1\text{-}26)$$

比较开环系统的机械特性和闭环系统的静特性可知：

(1) 在同样的负载扰动下，闭环系统转速降为开环系统转速降的 $\dfrac{1}{1+K}$，即

$$\Delta n_b = \frac{\Delta n_k}{1+K} \qquad (1\text{-}27)$$

(2) 闭环系统和开环系统的静差率 $n_{0b} = n_{0k}$ 时，闭环系统的静差率为开环系统静差率的 $\dfrac{1}{1+K}$，即

$$s_b = \frac{s_k}{1+K} \qquad (1\text{-}28)$$

（3）如果电动机的最高转速不变，而对最低速静差率的要求相同，则闭环系统的调速范围为开环系统调速范围的$(1+K)$倍，即

$$D_b = (1+K)D_k \tag{1-29}$$

闭环调速系统可以获得比开环调速系更硬得多的稳态特性，从而在保证一定静差率的要求下，能够提高调速范围，为此所须付出的代价是，须增设电压放大器以及检测与反馈装置。

所以闭环控制系统具有良好的抗扰动能力（不论这是来自系统的外部扰动，还是系统内部的参数变化），有较高的控制精度，在实际应用中得到了广泛应用。但是，这种系统需要检测反馈元器件、使用元器件多、电路较复杂、调整较复杂。

机械特性调速系统对开环而言的，静特性是对闭环系统而言的。两者都表示电动机转速与负载电流之间的关系，即 $n = f(I_d)$。一条机械特性曲线对应于一个不变的电枢电压；而一条静特性曲线对应于一个不变的给定电压。如图 1-15 所示，设电动机开始工作于 A 点，当负载电流增大时，开环和闭环系统工作的原理是不同的：开环系统，给定不变，电枢电压就不变，电流增加，工作点将沿最下面那条机械特性向下移动。而对于闭环调速系统，给定不变，电流增加，系统有维持转速不下降的趋势，通过调节，电枢电压升高，工作点将移至 B、C 或 D。$ABCD$ 所在直线就是闭环系统的在该给定电压下的一条静特性曲线。

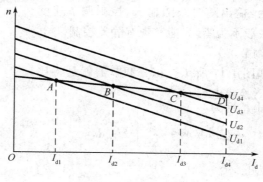

图 1-15　静特性曲线

转速反馈闭环调速系统是一种基本的反馈控制系统，它具有以下三个基本特征，也就是反馈控制的基本规律：

（1）被调量有静差。从静特性分析中可以看出，由于采用了比例放大器，闭环系统的开环放大系数 K 值越大，系统的稳态性能越好。因为闭环系统的稳态速降为

$$\Delta n_b = \frac{I_d R}{C_e(1+K)} \tag{1-30}$$

只有 $K \to \infty$，才能使闭环的转速降为 0，而这是不可能的。因此，这样的调速系统叫做有静差调速系统。实际上，这种系统正是依靠被调量的偏差进行控制的。

（2）服从给定，抑制扰动。反馈控制系统具有良好的抗扰性能，它能有效地抑制一切被负反馈环所包围的前向通道上的扰动作用，但对给定作用的变化则唯命是从。

（3）系统的精度依赖于给定和反馈检测精度。如果系统的给定电压发生波动，反馈控制系统无法鉴别是对给定电压的正常调节还是不应有的电压波动。因此，高精度的调速系统必须有更高精度的给定稳压电源。反馈检测装置的误差不在闭环系统的前向通道上，因此检测

精度直接影响系统输出精度。

1.2.4　无静差转速负反馈直流调速系统

所谓无静差调速系统是指调速系统达到稳定工作状态时,转速反馈与转速给定的值相等,调节器的输入偏差电压等于零,这种调速系统称为无静差调速系统。有静差调速与无静差调速的区别在于调节器的选择不同,从而引起系统的特性不同。

1. 调节器及其特性

调节器是由运算放大器构成的电路单元。调速系统中常见的调节器有:比例调节器、积分调节器、比例-积分调节器三种。

(1) 比例调节器(简称 P 调节器)。

比例调节器简称 P 调节器,亦可称为比例放大器。比例调节器电路如图 1-16 所示,一般采用反相输入。

比例调节器输入-输出特性为

$$U_\circ = -\frac{R_2}{R_1}(U_n^* - U_n) = -K_P(U_n^* - U_n) = -K_P\Delta U_n \quad (1\text{-}31)$$

比例调节器的特点为:输出随时跟随输入,控制调节速度快。调节器的输入偏差一般不为零,只能实现有静差控制。

(2) 积分调节器(Ⅰ调节器)。

积分调节器的电路如图 1-17 所示。积分调节器就是将比例调节器中的反馈电阻 R_2 换成电容 C。

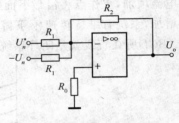

图 1-16　比例调节器

积分调节器输入-输出特性为

$$U_\circ = -\frac{1}{RC}\int (U_n^* - U_n)\mathrm{d}t = -\frac{1}{RC}\int \Delta U_n \mathrm{d}t$$
$$= -\frac{1}{T}\int \Delta U_n \mathrm{d}t \quad (1\text{-}32)$$

积分调节器具有几个显著特点:

① 输出电压不能突变,输入电压的突变并不能引起输出电压的突变。输出电压和输入电压对时间的积分成正比,只要输入电压存在,哪怕是很小值,输出电压就一直积分直至达到饱和值(或限幅值)。

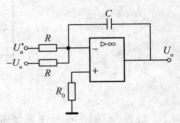

图 1-17　积分调节器

② 输出电压增加的快慢,即上升斜率的大小和输入电压的大小、积分时间常数的大小有关。当输入电压相同时,积分时间常数大,输出电压增加慢,上升斜率小。

③ 积分调节器具有记忆保持功能。当输入电压为零时,输出电压始终保持在输入电压 为零前的那个瞬间的输出值上。

(3) 比例-积分调节器(PI 调节器)。

比例积分调节器的电路如图 1-18 所示。PI 调节器的输入-输出特性是 P 调节器和Ⅰ调节器特性的叠加:积分作用之前先经比例放大,输出比Ⅰ调节器响应快;输出稳定时,调节器的输入端偏差为零,可实现无静差控制。

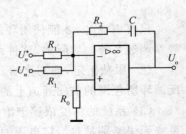

图 1-18　比例积分调节器

比例积分调节器输入-输出特性为

$$U_。= -\left(K_P \Delta U_n + \frac{1}{T} \int \Delta U_n \mathrm{d}t \right) \qquad (1\text{-}33)$$

比例积分调节器的特点:同时具有 P 调节器和 I 调节器的优点,即能实现无静差控制,控制响应速度较快。采用 PI 调节器的控制系统具有较好的动态性能和稳态性能,因此 PI 调节器应用广泛。

要说明的是,纯积分调节器只是一种理论的模型,实际实现较难,一般不单独应用。转速负反馈调速系统,转速调节器为比例调节器时可实现有静差调速;若要实现无静差调速,转速调节器应采用比例-积分调节器。

2. 无静差调速系统

实现无静差调速的条件必须同时满足采用转速负反馈和转速调节器采用 PI 调节器两个条件。无静差转速负反馈直流调速系统如图 1-19 所示。

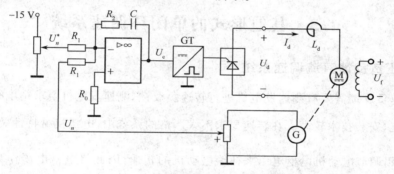

图 1-19　无静差转速负反馈直流调速系统

当负载转矩由 T_{L1} 突增到 T_{L2} 时,负载转矩大于电动机转矩造成电动机转速下降,转速反馈电压 U_n 随之下降,使调节器输入偏差 $\Delta U_n \neq 0$,于是引起 PI 调节器的调节过程。

由图 1-19 可知,在调节过程的初设系统运行时,电动机转速为 n,偏差电压 $\Delta U_n = U_n^* - U_n = 0$。当负载转矩增大时,自动调节过程如下。

$$T_L\uparrow \to n\downarrow \to \Delta U_n>0 \to |U_c|\uparrow \to U_d\uparrow \to n\uparrow$$

$$\Delta U_n \neq 0$$

只要 $\Delta U_n \neq 0$,调节过程便将一直持续下去。当 $\Delta U_n = 0$ 时,U_c 和 U_d 不再升高,$\Delta U_n = 0$ 时达到新的稳定,但这时的 U_c 和 U_d 已经上升,不是原来的数值,但转速已恢复到原值。应当指出,所谓“无静差”只是理论上的,因为积分或比例-积分调节器在静态时电容两端电压不变,相当于开路,运算放大器的放大系数理论上为无穷大,所以才使系统静差 $\Delta n = 0$。实际上,这时放大系数是运算放大器本身的开环放大系数,其数值虽然很大,但还是有限,因此系统仍存在着很小的静差,只是在一般精度要求下可以忽略不计。同时无静差调速系统只是在稳态上的无静差,在动态时还是有静差的。

单闭环无静差调速系统稳态结构图如图 1-20 所示。

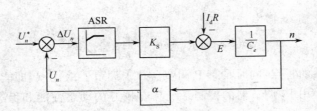

图 1-20　单闭环无静差调速系统稳态结构图

无静差调速系达到稳定工作状态时,系统的一个显著特点就是调节器的输入偏差为零,即

$$\Delta U_n = U_n^* - U_n = 0 \tag{1-34}$$

也就是说

$$U_n^* = U_n = \alpha n \tag{1-35}$$

这就是无静差调速系统的静特性方程。

1.3　其他形式的单闭环调速系统

1.3.1　电压负反馈直流调速系统

由子转速负反馈需要有测速发电机进行转速负反馈,测速发电机要求精度很高,和电动机必须同轴相连,安装技术较高。在转速要求不太严格的系统中,电机机械特性关系式 $n = \dfrac{U_d}{C_e} - \dfrac{R}{C_e} I_d$,可以采用调节电动机电枢电压来补偿电动机的转速,因此将电枢电压作为被调节量,而电动机转速作为间接调节量,同样可以自动调速,只是精度要差些。

如图 1-21 所示为具有电压负反馈的自动调速系统原理图。图中使用了比例调节器,在电枢回路中接入分压电阻 R_3、R_4,该电阻必须接在平波电抗器后面,以该电阻为分界,在该电阻前是平波电抗器和电源,在该电阻后是电枢。

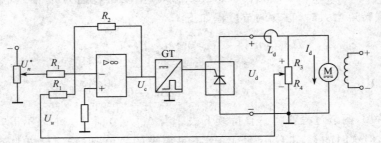

图 1-21　有静差电压负反馈直流调速系统

由分压关系得 $U_u = \dfrac{R_3}{R_3 + R_4} U_d$,由电路图所标极性可知,引入比例调节器输入端的 U_u 是负值,所以是电压负反馈。把 $\Delta U = U_n^* - U_u$,作为比例调节器的输入信号,输出信号为 U_c。U_c 的值决定脉冲触发器产生的控制角 α 的大小,以控制晶闸管的整流输出电压 U_d,从而控制电动机转速。

当负载变化时。例如,负载增加,则电动机转速下降,而电枢回路的电流将增加,在电枢回路中电源内阻和滤波电抗器内阻上的电压降将增加,使电枢电压下降。反馈电压 U_u 下降,ΔU 增加,使 U_c 上升,促使控制角前移,晶闸管输出电压上升,可导致电动机转速的回升。

电压负反馈调速系统的稳态结构图如图 1-22 所示。由于调节的对象是电动机电枢电压,电动机转速是间接调节量,所以,效果不如转速负反馈直流调速系统好。电压负反馈电阻接在电枢前面,这种反馈只能使主回路中的电压变化得到补偿,电动机电枢电阻上的电压变化没有得到补偿。因为前者在反馈圈内,而后者在反馈圈外。同样,对于电动机励磁电流变化所造成的扰动,电压反馈也无法克服。因此,电压负反馈调速系统的静态速降比同等放大系数的转速负反馈系统更大一些,稳态性能要差一些。在实际系统中,为了尽可能减小静态速降,电压反馈的两根引出线应该尽量靠近电动机电枢两端。

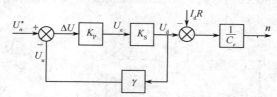

图 1-22　电压负反馈直流调速系统稳态结构图

虽然调节性能不如转速负反馈系统,但由于省略了测速发电机,使系统的结构简单,维护方便,所以仍然得到了广泛的使用。一般在调速范围 D 小于 10,静差率 s 在 15%～30% 时,可以使用这种系统。

必须指出:在图 1-21 所示的系统中,反馈电压直接取自接在电动机电枢两端的电位器上,这种方式虽然简单,却把主电路的高电压和控制电路的低电压串在一起了,从安全角度上看是不合适的。对于小容量调速系统还可以将就,对于电压较高、电机容量较大的系统,通常应在反馈回路中加入电压隔离变换器,使主电路和控制电路之间没有直接电的联系。

1.3.2　带电流补偿的电压负反馈

在控制系统中,当某个物理量发生变化时,可以产生某种效果,影响输出量,就可以利用该变化的物理量进行对输出量的补偿。在自动控制的调速系统中,由于负载转矩(反应了电枢回路中是电枢电流)的变化,产生了电动机的转速降落 $\Delta n = \dfrac{R}{C_e} I_d$。可以使电枢电流的变化对电动机的转速进行补偿。如图 1-23 所示是具有电压负反馈及电流正反馈的直流调速系统原理图。为了提高电压负反馈调速系统的静特性的硬度,减小静态误差,在统中加入电流补偿环节(电流正反馈环节)。

设电动机在某转速下运转,若负载转矩增大,除电压负反馈起作用外,电流正反馈也将起作用。由于在电枢回路中串接了一个电流反馈用的电阻 R_i,电阻 R_i 上的电压降为 $I_d R_i$,作为正反馈信号接到比例调节器的输入端,由电压极性可以得到,$\Delta U = U_n^* - U_u + U_i$,其中 $U_i = I_d R_i$ 即电流正反馈信号。

电压负反馈带电流正反馈补偿调速系统的稳态框图,如图 1-24 所示。假设由于负载增加,引起 $U_i = I_d R_i$ 的增加,使偏差电压 ΔU 增大,ΔU 增加,使 U_c 上升,促使控制角前移,晶闸管

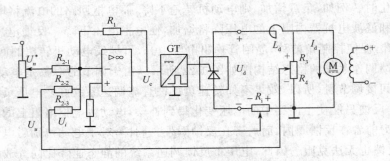

图 1-23　电压负反馈带电流正反馈直流调速系统

输出电压上升,电动机的转速得到补偿。注意:电流正反馈环节是一种补偿环节,而不是反馈环节,但习惯上称它为电流正反馈环节。

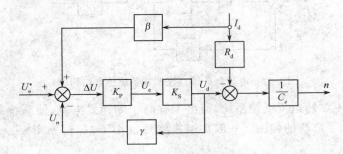

图 1-24　电压负反馈带电流正反馈补偿调速系统的稳态框图

从理论上讲,只要参数选配的适当,可以用电流正反馈的方式完全补偿回路电压降所引起的转速降,使静特性是一条水平线,从而使电动机的转速与负载大小无关。但实际上做不到,主要原因是系统中的各元器件参数在系统工作时,不是绝对稳定的。例如,电流正反馈电阻 R_i 将随着电流的增加及长期工作,而温度升高,电阻值随温度升高而变大。如选择电路参数使得系统的静特性成水平直线,那么在电阻值随温度升高而变大后,电流正反馈的电压值 $U_i = I_d R_i$ 将比原先预计的大,而产生过补偿,系统静特性将上翘,引起系统的不稳定。因此,为了保证系统的稳定性,宁可将电流正反馈选得弱些。

根据以上分析的几种调速系统,可知电压负反馈系统对转速有自动调速的功能,但不够理想;具有电压负反馈及电流正反馈系统对转速的自动调节效果稍好一些;具有转速负反馈系统自动调速效果最好。

1.3.3　电流截止负反馈在调速系统中的应用

众所周知,直流电动机全电压启动时,如果没有采取专门的限流措施,会产生很大的冲击电流,这不仅对电动机换向不利,对于过载能力低的晶闸管等电力电子元器件来说,更是不允许的。采用转速负反馈的单闭环调速系统(不管是比例控制的有静差调速系统,还是比例-积分控制的无静差调速系统),当突然加给定电压 U_n^* 时,由于系统存在的惯性,电动机不会立即转起来,转速反馈电压 U_n 仍为零。因此加在调节器输入端的偏差电压 $\Delta U_n = U_n^* - U_n = U_n^* - 0 = U_n^*$,差不

多是稳态工作值的 $(1+K)$ 倍。这时由于放大器和触发驱动装置的惯性都很小,使功率变换装置的输出电压迅速达到最大值 U_{dmax},对电动机来说相当于全电压启动,通常是不允许的。对于要求快速启动、制动的生产机械,给定信号多半采用突加方式。另外,有些生产机械的电动机可能会遇到堵转的情况,例如挖土机、轧钢机等,闭环系统特性很硬,若无限流措施,电流会大大超过允许值。如果依靠过电流继电器或快速熔断器进行限流保护,一过载就跳闸或烧断熔断器,将无法保证系统的正常工作。

为了解决反馈控制单闭环调速系统启动和堵转时电流过大的问题,系统中必须设有自动限制电枢电流的环节。根据反馈控制的基本概念,要维持某个物理量基本不变,只要引入该物理的负反馈就可以了。所以,引入电流负反馈能够保持电流不变,使它不超过允许值。但是,电流负反馈的引入会使系统的静特性变得很软,不能满足一般调速系统的要求,电流负反馈的限流作用只应在启动和堵转时存在,在正常运行时必须去掉,使电流能自由地随着负载增减。这种当电流大到一定程度时才起作用的电流负反馈叫做电流截止负反馈。

为了实现电流截止负反馈,必须在系统中引入电流负反馈截止环节。电流负反馈截止环节的具体电路有不同形式,但是无论哪种形式,其基本思想都是将电流反馈信号转换成电压信号,然后去和一个比较电压 U_{com} 进行比较。电流负反馈信号的获得可以采用在交流侧的交流电流检测装置,也可以采用直流侧的直流电流检测装置。最简单的是在电动机电枢回路串入一个小阻值的电阻 R_s,$I_d R_s$ 是正比于电流的电压信号,用它去和比较电压 U_{com} 进行比较。当 $I_d R_s > U_{\text{com}}$,电流负反馈信号 U_i 起作用,当 $I_d R_s \leqslant U_{\text{com}}$,电流负反馈信号被截止。比较电压 U_{com} 可以利用独立的电源,在反馈电压 $I_d R_s$ 和比较电压 U_{com} 之间串接一个二极管组成电流负反馈截止环节,如图 1-25 所示。也可以利用稳压管的击穿电压 U_{BR} 作为比较电压,组成电流负反馈截止环节,如图 1-26 所示。后者电路更为简单。在实际系统中,也可以采用电流互感器来检测主回路的电流,从而将主回路与控制回路实行电气隔离,以保证人身和设备安全。

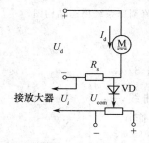
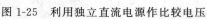
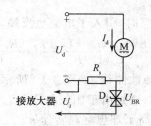

图 1-25　利用独立直流电源作比较电压　　　　图 1-26　利用稳压管产生比较电压

带电流截止负反馈的转速负反馈直流调速系统如图 1-27 所示。图中稳压管 D_z 构成一个比较环节,它的击穿电压提供了一个比较电压。当电枢电流 I_d 小于允许值时,使反馈电压 U_i 小于 D_z 的击穿电压,稳压管 D_z 未导通,U_i 对控制不起作用;当电流 I_d 大于允许值时急剧下降,转速 n 随之也急剧下降,从而限制了电流增大,起到保护晶闸管和电动机的作用。

带电流截止负反馈的转速负反馈直流调速系统稳态结构图如图 1-28 所示。设截止电流为 I_{dcr}。则当 $I_d \leqslant I_{\text{dcr}}$ 时,电流负反馈被截止,静特性和只有转速负反馈调速系统的静特性相

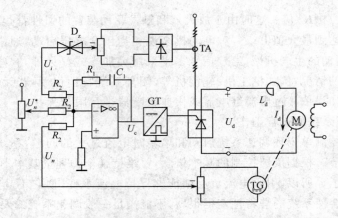

图 1-27 带电流截止负反馈的转速负反馈直流调速系统

同,即

$$n = \frac{K_P K_S U_n^*}{C_e(1+K)} - \frac{R_d I_d}{C_e(1+K)} \tag{1-36}$$

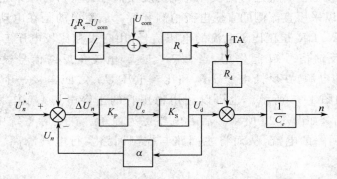

图 1-28 带电流截止负反馈的转速负反馈直流调速系统稳态结构图

当 $I_d > I_{dcr}$ 时,引入了电流负反馈,静特性变为

$$n = \frac{K_P K_S(U_n^* + U_{com})}{C_e(1+K)} - \frac{(R_d + K_P K_S R_s) I_d}{C_e(1+K)} \tag{1-37}$$

系统静特性曲线,如图 1-29 所示。比较两段特性曲线,可知:$n'_0 \gg n_0$,这是由于比较电压 U_{com} 与给定电压 U_n^* 的作用一致,因而提高了理想空载转速 n'_0。

$$n'_0 = \frac{K_P K_S(U_n^* + U_{com})}{C_e(1+K)} \tag{1-38}$$

事实上,图 1-29 中用虚线表示的 $(n'_0 - A)$ 段由于电流负反馈被截止而不存在。$\Delta n' \gg \Delta n$ 这说明电流负反馈的作用相当于在主电路中串入一个大电阻 $K_P K_S R_s$,因而稳态速降极大,特性急剧下垂,表现出限流特性。

$$\Delta n'_0 = \frac{(R_d + K_P K_S R_s) I_d}{C_e(1+K)} \tag{1-39}$$

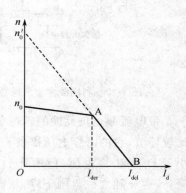

图 1-29 带电流截止负反馈转速闭环调速系统的静特性

这种两段式的静特性常被称为下垂特性或挖土机特性。A 点称为截止电流点,对应的电流称为截止电流 I_{dcr},B 点称为堵转点,对应的电流称为堵转电流 I_{dbl}。

截止电流应大于电动机的额定电流,一般取

$$I_{dcr} \geqslant (1.1 \sim 1.2) I_N \tag{1-40}$$

堵转电流应小于电动机的额定电流,一般取

$$I_{dbl} \leqslant (1.5 \sim 2) I_N \tag{1-41}$$

上述关系是设计电流截止负反馈环节参数的依据。

必须指出:电流截止负反馈环节只是解决了系统的限流问题,使调速系统能够实际运行,但它的动态特性并不理想,所以只适用于对动态特性要求不太高的小容量系统。

习　题

一、判断题

1. 自动控制就是应用控制装置使控制对象如机器、设备、生产过程等自动地按照预定的规律变化或运行。　　　　　　　　　　　　　　　　　　　　　　　　　　　　　　　（　　）

2. 闭环控制系统输出量不反送到输入端参与控制。　　　　　　　　　　　　　　（　　）

3. 放大校正元器件的作用是对给定量(输入量)进行放大与运算,校正输出一个按一定规律变化的控制信号。　　　　　　　　　　　　　　　　　　　　　　　　　　　　（　　）

4. 开环控制系统和闭环控制系统最大的差别在于闭环控制系统存在一条从被控量到输入端的反馈通道。　　　　　　　　　　　　　　　　　　　　　　　　　　　　　　（　　）

5. 偏差量是由控制量和反馈量比较,由比较元器件产生的。　　　　　　　　　　（　　）

6. 直流电动机改变电枢电压调速是恒转矩调速,减弱磁调速是恒功率调速。　　（　　）

7. 晶闸管-电动机系统与发电机-电动机系统相比较,具有响应快、能耗低、噪声小及晶闸管过电压、过载能力强等许多优点。　　　　　　　　　　　　　　　　　　　　　（　　）

8. 调速范围是指电动机在额定负载情况下,电动机的最高转速和最低转速之比。（　　）

9. 静差率与机械特性硬度以及理想空载转速有关,机械特性越硬,静差率越大。（　　）

10. 直流调速系统中,给定控制信号作用下的动态性能指标(即跟随性能指标)有上升时间、超调量及调节时间等。　　　　　　　　　　　　　　　　　　　　　　　　　（　　）

11. 晶闸管-电动机系统的主回路电流连续时,开环机械特性曲线是互相并行的,其斜率是不变的。
　　　　　　　　　　　　　　　　　　　　　　　　　　　　　　　　　　　　（　　）

12. 比例调节器(P 调节器)一般采用反相输入,输出电压和输入电压是反相关系。（　　）

13. 对积分调节器来说,当输入电压为零时,输出电压保持在输入电压为零前的那个瞬间的输出值。
　　　　　　　　　　　　　　　　　　　　　　　　　　　　　　　　　　　　（　　）

14. 比例-积分调节器,其比例调节作用可以使得系统动态响应速度较快,而其积分调节作用又使得系统基本上无静差。　　　　　　　　　　　　　　　　　　　　　　　　（　　）

15. 调节放大器的输出外限幅电路中的降压电阻 R 可以不用。　　　　　　　　　（　　）

16. 带正反馈的电平检测器的输入、输出特性具有回环继电特性。回环宽度与 R_f、R_2 的阻值及放大器输出电压幅值有关。R_f 的阻值减小,回环宽度减小。　　　　　　　　　（　　）

17. 交流、直流测速发电机属于模拟式转速检测装置。 （　　）

18. 转速负反馈有静差调速系统中,转速调节器采用比例积分调节器。 （　　）

19. 在转速负反馈直流调速系统中,当负载增加以后转速下降,可通过负反馈环节的调节作用使转速有所回升。系统调节前后,电动机电枢电压将增大。 （　　）

20. 闭环调速系统的静特性是表示闭环系统电动机转速与电流（或转矩）的动态关系。 （　　）

21. 在转速负反馈系统中,若要使开环和闭环系统的理想空载转速相同,则闭环时给定电压要比开环时给定电压相应地提高$(1+K)$倍。 （　　）

22. 转速负反馈调速系统对直流电动机电枢电阻、励磁电流变化带来的转速变化无法进行调节。 （　　）

23. 无静差调速系统在静态（稳态）与动态过程中都是无差。 （　　）

24. 采用 PI 调节器的转速负反馈无静差直流流调速系统负载变化时系统调节过程开始和中间阶段,比例调节起主要作用。 （　　）

25. 电流截止负反馈的截止方法不仅可以采用稳压管作比较电压,而且也可以采用独立电源的电压比较来实现。 （　　）

26. 电流截止负反馈是一种只在调速系统主电路过电流下起负反馈调节作用的方法,用来限制主回路过电流。 （　　）

27. 电压负反馈调速系统对直流电动机电枢电阻、励磁电流变化带来的转速变化无法进行调节。 （　　）

28. 电流正反馈是一种对系统扰动量进行补偿控制的调节方法。 （　　）

二、单项选择题

1. 在晶闸管-电动机速度控制系统中作用于被控对象电动机的负载转矩称为（　　）。
A. 控制量　　　　　　B. 输出量　　　　　　C. 扰动量　　　　　　D. 输入量

2. 控制系统输出量（被控量）只能受控于输入量,输出量不反送到输入端参与控制的系统称为（　　）。
A. 环控制系统　　　B. 闭环控制系统　　　C. 复合控制系统　　　D. 反馈控制系统

3. 闭环控制系统是建立在（　　）基础上,按偏差进行控制。
A. 正反馈　　　　　　B. 负反馈　　　　　　C. 反馈　　　　　　　D. 正负反馈

4. 闭环控制系统中比较元器件把（　　）进行比较,求出它们之间的偏差。
A. 反馈量与给定量　　　　　　　　　　　B. 扰动量与给定量
C. 控制量与给定量　　　　　　　　　　　D. 输入量与给定量

5. 比较元器件是将检测反馈元器件检测到的被控量的反馈量与（　　）进行比较。
A. 扰动量　　　　　　B. 给定量　　　　　　C. 控制量　　　　　　D. 输出量

6. 偏差信号是由（　　）和反馈量比较,由比较元器件产生。
A. 扰动量　　　　　　B. 给定量　　　　　　C. 控制量　　　　　　D. 输出量

7. 在恒定磁通时,直流电动机改变电枢电压调速属于（　　）调速。
A. 恒功率　　　　　　B. 变电阻　　　　　　C. 变转矩　　　　　　D. 恒转矩

8. 发电机-电动机系统是（　　）,改变电动机电枢电压,从而实现调压调速。
A. 改变发电机励磁电流,改变发电机输出电压
B. 改变电动机励磁电流,改变发电机输出电压
C. 改变发电机的电枢回路串联附加电阻
D. 改变发电机的电枢电流

9. 调速范围是指电动机在额定负载情况下,电动机的（　　）之比。
A. 额定转速和最低转速　　　　　　　　　B. 最高转速和最低转速
C. 基本转速和最低转速　　　　　　　　　D. 最高转速和额定转速

10. 当理想空载转速一定时,机械特性越硬,静差率 s(　　)。

　　A. 越小　　　　　　　　B. 越大　　　　　　　　C. 不变　　　　　　　　D. 无法确定

11. 直流调速系统中,给定控制信号作用下的动态性能指标(即跟随性能指标)有上升时间、超调量、(　　)等。

　　A. 恢复时间　　　　　　B. 阶跃时间　　　　　　C. 最大动态速降　　　　D. 调节时间

12. 晶闸管-电动机系统的主回路电流断续时,其开环机械特性(　　)。

　　A. 变软　　　　　　　　B. 变硬　　　　　　　　C. 不变　　　　　　　　D. 变软或变硬

13. 比例调节器(P 调节器)的放大倍数一般可以通过改变(　　)进行调节。

　　A. 反馈电阻与输入电阻大小　　　　　　　　　　B. 平衡电阻大小

　　C. 比例调节器输出电压大小　　　　　　　　　　D. 比例调节器输入电压大小

14. 当输入电压相同时,积分调节器的积分时间常数越大,则输出电压上升斜率(　　)。

　　A. 越小　　　　　　　　B. 越大　　　　　　　　C. 不变　　　　　　　　D. 可大可小

15. 调节放大器的输出,外限幅电路中的降压电阻 R(　　)。

　　A. 一定不要用　　　　　B. 一定要用　　　　　　C. 可以不用　　　　　　D. 可用可不用

16. 转速负反馈有静差调速系统中转速调节器采用(　　)。

　　A. 比例调节器　　　　　B. 比例-积分调节器　　　C. 微分调节器　　　　　D. 调节器

17. 在转速负反馈直流调速系统中,当负载增加以后转速下降,可通过负反馈环节的调节作用使转速有所回升。系统调节前后,电动机电枢电压将(　　)。

　　A. 增大　　　　　　　　B. 减小　　　　　　　　C. 不变　　　　　　　　D. 不能确定

18. 闭环调速系统的静特性是表示闭环系统电动机的(　　)。

　　A. 电压与电流(或转矩)的动态关系　　　　　　B. 转速与电流(或转矩)的动态关系

　　C. 转速与电流(或转矩)的静态关系　　　　　　D. 电压与电流(或转矩)的静态关系

19. 在转速负反馈系统中,闭环系统的静态转速降减为开环系统静态转速降的(　　)倍。

　　A. $1+K$　　　　　　　B. $1+2K$　　　　　　C. $1/(1+2K)$　　　　D. $1/(1+K)$

20. 转速负反馈调速系统对检测反馈元器件和给定电压造成的转速扰动(　　)补偿能力。

　　A. 没有

　　C. 对前者有补偿能力,对后者无

　　B. 有

　　D. 对前者无补偿能力,对后者有

21. 无静差调速系统的工作原理是(　　)。

　　A. 依靠偏差本身

　　C. 依靠偏差对时间的记忆

　　B. 依靠偏差本身及偏差对时间的积累

　　D. 依靠给定量

22. 采用 PI 调节器的转速负反馈无静差直流调速系统负载变化时系统(　　),比例调节起主要作用。

　　A. 调节过程的后期

　　C. 调节过程的开始阶段和中间阶段

　　B. 调节过程的中间阶段和后期

　　D. 调节过程的开始阶段和后期

23. 电流截止负反馈的截止方法不仅可以用独立电源的电压比较法,而且也可以在反馈回路中对接一个(　　)来实现。

　　A. 晶闸管　　　　　　　B. 三极管　　　　　　　C. 单结晶体管　　　　　D. 稳压管

24. 带电流截止负反馈环节的调速系统,为了使电流截止负反馈参与调节后特性曲线下垂段更陡一些,可把反馈取样电阻阻值选得(　　)。

　　A. 大一些　　　　　　　B. 小一些　　　　　　　C. 接近无穷大　　　　　D. 等于零

25. 电压负反馈调速系统对主回路中由电阻 R 和电枢电阻 R_d 产生的压降所引起的转速降(　　)补偿能力。

　　A. 没有

　　B. 有

C. 对前者有补偿能力,对后者无   D. 对前者无补偿能力,对后者有

26. 在电压负反馈调速系统中加入电流正反馈的作用是当负载电流增加时,晶闸管变流器输出电压( )从而使转速降减小,系统的静特性变硬。

A. 减小   B. 增加   C. 不变   D. 微减小

第 2 章　双闭环直流调速系统

2.1　双闭环直流调速系统的组成

2.1.1　单闭环控制系统存在的问题

单闭环直流调速系统是通过测速发电机将转速反馈电压 U_n 引至系统的输入端与给定电压 U_n^* 相比较。PI 调节器对偏差 $\Delta U_n = U_n^* - U_n$ 进行比例积分运算后,得到控制电压 U_c,从而通过控制晶闸管可控整流器的输出电压,实现对电动机转速的控制。

尽管如此,这种调速系统也只能做到稳态无静差,动态上还是有差的。如果负载突然增大,PI 调节器的输入电压 $U_n^* - U_n > 0$,经过调节器的积分作用,系统达到新的稳态时,$\Delta U_n = 0$,但 $U_{d2} > U_{d1}$,由此产生的整流电压的增量 ΔU_d 正好补偿了由于负载增加引起的那部分主电路电阻压降 $\Delta I_d R$,从而保证 $n_1 = n_2$。

因此,调速系统在动态精度要求较高的情况下,降低动态速降和缩短动态恢复时间,是单闭环系统必须解决的一个问题。

电流截止负反馈的应用,解决了系统启动和堵转时电流过大的问题。此时,PI 调节器需要完成两个调节任务:一方面是正常负载时实现转速调节;另一方面是过载时进行电流调节。由于用一个调节器,把给定信号 U_n^*、转速负反馈信号 U_n 和电流截止负反馈信号 U_i 在该调节器中综合,这样各参数相互影响,互相牵制。系统的动、稳态参数配合调整很困难。显然,采用一个 PI 调节器的单闭环直流调速系统不能得到令人满意的电流控制规律,对电流的控制就成了单闭环系统必须解决的另一个问题。因此,提出了采用两个调节器,把转速调节和电流调节分开进行。电流调节环在里面,形成内环;转速调节环在外面,形成外环。这就是转速、电流双闭环调速系统。

同时从工业控制领域来看,由于加工工艺特点和生产的需要,许多生产机械经常处于启动、制动、反转的过渡过程中,此时,速度的变化能达到稳定运转的为梯形速度图,如图 2-1(a)所示,速度的变化不能达到稳定运转的为三角形速度图,如图 2-1(b)所示。

从速度图可以看出,电动机启动和制动过程的大部分时间是工作在过渡过程中,如何缩短这一时间,充分发挥生产机械效率是生产工艺对调速系统首先提出的要求,为此提出了"最佳过渡过程"的概念。

要使生产机械过渡过程最短、生产率最高,电动机在启动或制动时就必须产生最大启动

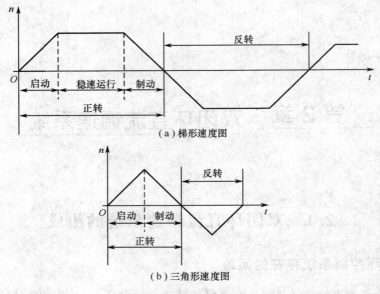

（a）梯形速度图

（b）三角形速度图

图 2-1　过渡过程速度图

（或制动）转矩。电动机产生的最大转矩是受它的过载能力限制的。通常把充分利用电动机过载能力以获得最高生产率的过渡过程称为限制极值转矩的最佳过渡过程。这样,既可限制启动时的最大允许电流,又可保证电动机能发出最大转矩。最佳过渡过程中各量的变化规律,如图 2-2 所示。

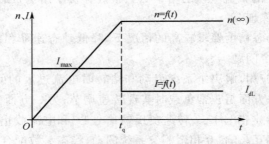

图 2-2　最佳过渡过程中各量的变化规律

在讨论动态电流变化规律时,忽视了主电路电感的影响。实际上,电动机的电枢电流不可能从零突变到最大值,总有一上升过程。因此,实际波形与上述情况不尽相同。为了使电流接近理想波形,必须使电流在启动瞬时强迫其迅速上升至系统最大值。这就必须让晶闸管整流装置在启动初期提供最大整流输出电压,一旦电流达到最大值 I_{max},将电压突降至维持最大电流所需的数值,然后电压、转速按线性规律上升。实际各量的变化规律,如图 2-3 所示。

最佳过渡过程满足的条件：

（1）电动机在启、制动时,应保持主电路电流为最大值不变。当过渡过程结束时,尽快使电流下降至系统稳态值。

（2）应保证晶闸管整流电压在启、制动过程的初瞬有一突变,然后按某一线性规律递增。这样可以实现电动机转速以最大加速度上升,缩短过渡过程。

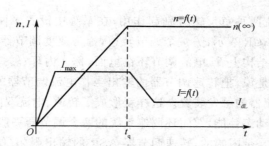

图 2-3　最佳过渡过程实际各量的变化规律

（3）要想实现主电路电流的这一变化规律，必须增设一个 PI 调节器，对电流波形进行控制，即引入电流负反馈环节，形成转速、电流双闭环直流调速系统。

2.1.2　双闭环直流调速系统的构成

按照反馈控制规律，采用某个物理量的负反馈就可以保持该量不变。在启动过程中，实现在允许条件下的最快启动关键是要获得一段使电流保持为最大值的恒流过程，即采用电流负反馈来得到近似的恒流过程。但应注意：在启动过程中，应只有电流负反馈作用，而不能让它和转速负反馈同时加到一个调节器的输入端，到达稳态转速后，转速负反馈起主要作用，不再靠电流负反馈来发挥主要作用。

所以，只有采用双闭环调速系统才能做到这种既存在转速和电流两种负反馈作用，又使它们只能分别在不同阶段起作用的功能。

为了实现在允许条件下的最快启动，设想引入一个电流调节器，使电动机在启动时保持电流为最大值 I_{max} 的恒流过程，启动过程结束转入无静差的速度调节过程。由于电流的变化率和速度的变化率相差较大，往往把电流调节和转速调节分开进行，给定信号加到速度调节器输入端，速度调节器的输出为电流调节器的输入，电流调节器的输出去驱动晶闸管触发装置。两个调节器互相配合、同时调节，称为转速、电流双闭环直流调速系统，其系统原理图，如图 2-4 所示。

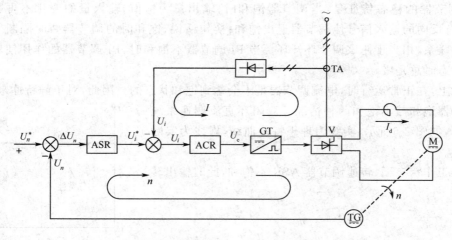

图 2-4　转速、电流双闭环系统原理图

为了实现转速和电流两种负反馈分别起作用,在系统中设置了两个调节器,一个调节电流,称为电流调节器,用 ACR 表示;另一个调节转速,称为速度调节器,用 ASR 表示。两者之间实行串级连接,从闭环结构上看,电流调节环在里面,称为内环;转速调节环在外边,称为外环,如图 2-4 所示。这就是说,把转速调节器的输出当作电流调节器的输入,再用电流调节器的输出去控制晶闸管整流器的触发装置。这样就形成了转速、电流双闭环调速系统。

为了获得良好的静、动态性能,双闭环调速系统的两个调节器一般都采用 PI 调节器,通常两个 PI 调节器的输出都是带限幅的,转速调节器 ASR 的输出限幅(饱和)电压决定了电流调节器给定电压的最大值;电流调节器 ACR 的输出限幅电压限制了晶闸管整流器输出电压的最大值。

2.2 双闭环直流调速系统的特性分析

2.2.1 稳态结构图与静特性

根据转速、电流双闭环的原理图画出稳态框图,如图 2-5 所示。其转速调节器 ASR 与电流调节器 ACR 均采用有限幅输出特性的 PI 调节器。

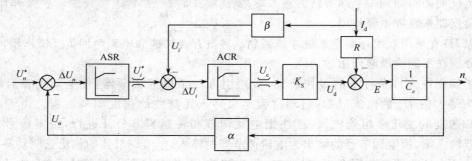

图 2-5　转速、电流双闭环稳态框图

PI 调节器的稳态特征是:当调节器饱和时,输出量为恒值,输入量的变化不再影响输出量,除非有反向的输入信号使调节器退出饱和;换句话说,饱和时的调节器暂时隔断了输入和输出间的联系,相当于使该调节环开环。当 PI 调节器不饱和时,PI 调节器的作用使输入偏差电压在稳态时总是零。

实际上,在正常运行时,电流调节器是不会达到饱和状态的。因此,对于静特性来说,只有转速调节器饱和与不饱和两种情况。双闭环直流调速系统的静特性,如图 2-6所示,实线为理想特性曲线,虚线为实际特性曲线。

正常工作状态下,转速调节器 ASR 不饱和,此时输出转速为

$$n=\frac{U_n^*}{\alpha}=n_0$$

即转速由转速给定值决定,转速给定没变,所以转速不

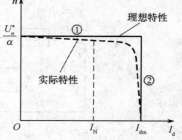

图 2-6　双闭环系统的静特性

变,而电流可为任意值。与此同时,由于 ASR 不饱和,$U_i^* < U_{im}^*$,即 $I_d < I_{dm}$。这就是说,图 2-6 所示①段静特性从理想空载状态的 $I_d = 0$ 一直延续到 $I_d = I_{dm}$,而 I_{dm} 一般都是大于额定电流 I_{dN} 的。这就是静特性的运行段,它是水平的特性。

当系统发生堵转时,转速调节器 ASR 饱和。这时,ASR 输出达到限幅值 U_{im}^*,转速环呈开环状态,转速的变化对系统不再产生影响。双闭环系统变成一个电流无静差的单闭环调节系统。稳态时转速 $n = 0$,而电流给定和电枢电流均达到最大值,即

$$I_d = \frac{U_{im}^*}{\beta} = I_{dm}$$

即为图 2-6 中的②段,它是垂直的特性。电流调节器起主要调节作用,系统主要表现为恒电流调节,起到自动过电流保护作用。

然而实际上运算放大器的开环放大系数并不是无穷大,特别是为了避免零点漂移而采用"准 PI 调节器"时,静特性的两段实际上都略有很小的静差,如图 2-6 中虚线所示。

双闭环调速系统的静特性在负载电流小于 I_{dm} 时,表现为转速无静差,这时,转速负反馈起主要调节作用,当负载电流达到 I_{dm} 后,转速调节器饱和,电流调节器起主要调节作用,系统表现为电流无静差,得到过电流的自动保护。这就是采用了两个 PI 调节器分别形成内、外两个闭环的效果。这样的静特性显然比带电流截止负反馈的单闭环系统静特性好。

2.2.2　稳态参数计算

双闭环调速系统在稳态工作中,当两个调节器都不饱和时,在稳态工作点上,转速 n 是由给定电压 U_n^* 决定的,即

$$U_n^* = U_n = \alpha n = \alpha n_0$$

而此时的 ASR 的输出量 U_i^* 是由负载电流 I_{dL} 决定的,即

$$U_i^* = U_i = \beta I_d = \beta I_{dL}$$

控制电压 U_c 的大小为

$$U_c = \frac{U_{d0}}{K_S} = \frac{C_e n + I_d R}{K_S} = \frac{(C_e U_n^* / \alpha) + I_{dL} R}{K_S}$$

即控制电压 U_c 同时取决于 n 和 I_d,或者说,同时取决于 U_n^* 和 I_{dL}。

以上关系反映了 PI 调节器其输出量的稳态值与输入无关,而是由它后面环节的需要决定的。后面需要 PI 调节器提供多大的输出值,它就能提供多大,直到饱和为止。鉴于这一特点,双闭环调速系统的稳态参数计算与单闭环有静差系统稳态参数计算完全不同,而是和无静差系统的稳态参数计算相似,即根据各调节器的给定与反馈值计算有关的反馈系数。

转速反馈系数为

$$\alpha = \frac{U_{nm}^*}{n_{max}}$$

电流反馈系数为

$$\beta = \frac{U_{im}^*}{I_{dm}}$$

两个给定电压的最大值 U_{nm}^* 和 U_{im}^* 由设计者选定,U_{nm}^* 受运算放大器允许输入电压和稳压电源的限制;U_{im}^* 为 ASR 的输出限幅值。

2.3　双闭环直流调速系统的动态分析

2.3.1　双闭环直流调速系统的启动

设置双闭环的一个重要目的就是要获得接近于理想的启动过程。当双闭环系统加入给定电压 U_n^* 启动时,转速和电流的过渡过程,如图 2-7 所示。整个过渡过程可分为电流上升、恒流升速和转速调节三个阶段。

$0 \sim t_1$ 段为电流上升阶段。加入给定电压 U_n^* 后,由于电动机惯性作用,电动机的转速增长较慢,所以转速负反馈电压很小,造成偏差电压 $\Delta U_n = U_n^* - U_n$ 数值较大,使得转速调节器 ASR 输出值很快变为转速调节器 ASR 的饱和限幅电压 U_{im}^*,强迫电流 I_d 迅速上升。当 I_d 上升至 I_{dm} 时,电流反馈电压 U_{im} 趋于或等于电流环给定电压 U_{im}^*,电流调节器的作用使 I_d 不再上升,标志着这一阶段的结束。在这一阶段中,ASR 由不饱和很快达到饱和,电流调节器 ACR 一般不饱和,以达到保证电流环的调节作用。

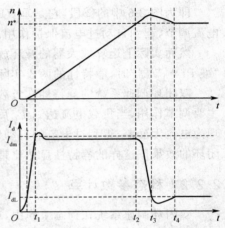

图 2-7　转速和电流的过渡过程

$t_1 \sim t_2$ 为恒流升速阶段。从电流升到最大值 I_{dm} 开始,电动机转速 n 线性上升。在这一阶段中,转速调节器 ASR 一直饱和,系统在恒流给定 U_{im}^* 作用下进行电流调节,与此同时,电动机的反电动势 E_a 正比于转速 n 线性上升,使电枢电流下降。电枢电流一旦减小,U_i 就会减小,反馈到 ACR 输入端,产生了偏差电压 $\Delta U_i = U_{im}^* - U_i > 0$。$\Delta U_i$ 使 ACR 继续积分,其输出 U_c 线性增大,从而保证了 U_d 随 E 的增长而等速增长,维持 $U_d - E_a = I_{dm}R$ 不变,即获得恒流升速到电动机转速上升到给定值。

$t_2 \sim t_3$ 为转速调节阶段。电动机转速上升至略大于给定转速时,速度调节器输入信号 ΔU_n 变负,并在一段时间内受负偏差电压控制,ASR 退出饱和,其输出电压(即 U_i^*)使主电流 I_d 下降。此时 ASR 与 ACR 都不饱和,两个调节器同时起调节作用,由于转速环为外环,所以 ASR 处于主导作用,使得转速逐渐下降至给定转速。

综上所述,双闭环系统启动过程具有以下三个特点:

① 饱和非线性。即指转速调节器有不饱和、饱和、退饱和 3 种工作状态。

② 准时间最优控制。双闭环系统启动过程充分发挥系统的电流过载能力,实现最大允许电流启动,启动过程最快。

③ 转速超调。只有转速超调,才能使 ASR 退饱和。

2.3.2　双闭环直流调速系统的抗扰分析

电动机在一定负载转矩 T_{L1} 下以给定转速 n^* 稳定运转时,若负载突然增加为 T_{L2},因为电磁转矩 T_e 尚未改变,故造成 $T_e < T_{L2}$,使转速下降。然而,双闭环系统具有克服这种转速降

落，使电动机恢复到给定转速运行的能力。此时，系统就会自动进行调整，其调整过程如下：

$$I_L \uparrow \rightarrow n \downarrow \rightarrow U_n \downarrow \rightarrow \Delta U_n \uparrow \rightarrow U_i^* \uparrow \rightarrow U_c \uparrow \rightarrow \alpha \downarrow \rightarrow U_d \uparrow \rightarrow n \uparrow$$

一旦电动机转速下降，反馈电压 U_n 亦随之下降，转速调节器 ASR 的输入偏差电压增大，其输出 U_i^* 加大。电流调节器 ACR 输入偏差电压随 U_i^* 的加大而变大，其输出电压 U_c 即使晶闸管变流器的触发角减小，变流器整流电压 U_d 增大，使电枢电流 I_d 随之增大，电动机产生的电磁转矩增加，转速回升，其全部变化过程波形，如图 2-8 所示。

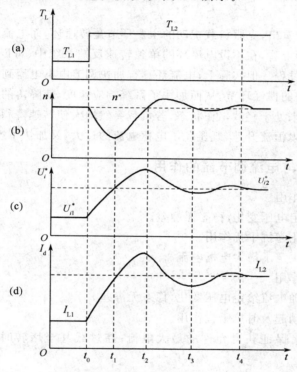

图 2-8　双闭环系统负载扰动波形

在图 2-8(a)中，t_0 时刻负载转矩由 T_{L1} 阶段跳跃变为 T_{L2}，转速 n 下降而偏离给定值，速度调节器 ASR 输入出现偏差，其输出 U_i^* 增大，于是电枢电流 I_d 随之增大，这就是电流环的调节作用，I_d 从原来与负载转矩 T_{L1} 相对应的电流 I_{L1} 值上升。当 U_i^* 上升到超过新负载下稳定值 U_{i2}^* 值时，电枢电流上升至 $I_d = I_{L2}$，达到转矩平衡条件 $T_e = T_{L2}$，亦即 $I_d = I_{L2}$，转速 n 不再下降，即 t_1 时刻对应的情况。

但是，由图 2-8(b)可知，在 t_1 时刻及以后时刻电动机转速 n 仍小于给定值 n^*，即转速反馈电压 U_n 仍低于给定电压 U_n^*，所以转速调节器 ASR 输入仍有正偏差电压，输出 U_i^* 继续按积分规律增长，以至超过 U_{i2}^*。由于电流调节环的作用，I_d 总是跟随 U_i^* 变化，于是 I_d 继续上升超过 I_{L2}。电磁转矩 T_e 超过负载转矩 T_{L2} 使转速 n 回升，在 t_2 时刻 n 达到给定值 n^*，即 $n = n^*$，t_2 时刻 ASR 输入偏差为零，其输出停止按积分规律增长，U_i^* 达到顶峰值，U_i^* 停止增加。在电流调节环的作用下，晶闸管变流器的整流电压停止增大，电动机电枢电压 U_d 亦停止增加。

t_2 时刻以后，仍然存在 $T_e > T_{L2}$ 的情况，所以出现了转速 n 的超调，ASR 输入反向偏差电压,其输出 U_i^* 按积分无律下降,直到 t_s 时刻 $n=n^*$ 时停止下降。而这时因为 $U_{i1}^* < U_{i2}^*$, $I_d <$ I_{L2} 会使转速再次降低至小于给定转速 n^*。经过一次或几次振荡后可以获得稳定,如图 2-8 所示的 t_4 时刻,转速进入系统规定误差范围,结束过渡过程。

系统动态过程结束后,在新的负载下稳定运行,系统转速给定电压 U_n^* 未变,电动机运行转速 n^* 也未变,但是,电流环的给定电压 U_i^* 增大了,同时晶闸管变流器的控制电压也增大了,电动机电枢电压也增大了,这就是负载转矩增大后,需要电枢电流增大以满足转矩平衡的条件来维持转速不变。

依据以上分析可以看出,克服负载扰动的主要环节是转速环,而电流环在调节过程中只起电流跟随作用。从表面上看,在不设电流环的单独转速反馈系统中,可以避免 ACR 的积分输出延缓作用,加快调节过程。但实际上,电流环具有加快调节电枢电流到达 I_{L2} 的能力,它可以等效为一个小时间常数的惯性环节,从而加快了系统响应速度,使降落的转速能迅速恢复。

另外,如果系统原来处于轻载工作状态,若负载突然增大使转速降得很多时,ASR 输出进入饱和状态,它能辅之以恒流升速,既避免了电枢电流的过大,又加快了恢复过程。

2.3.3　转速调节器与电流调节器的作用

1. 转速调节器的作用
① 使转速跟随给定电压变化,稳态无静差。
② 对负载电流变化起抗干扰作用。
③ 其输出限幅值决定了最大电枢电流。
2. 电流调节器的作用
① 使电枢电流跟随电流给定电压变化,稳态无静差。
② 对电网电压波动起及时抗干扰作用。
③ 在启动过程中,保证获得允许的最大电流;在过载甚至堵转时,起自动过电流保护作用。

习　　题

一、判断题

1. 双闭环调速系统包括电流环和转速环。电流环为外环,转速环为内环。　　　　（　　）

2. 转速电流双闭环调速系统中,转速调节器的输出电压是系统转速给定电压。　　（　　）

3. 转速、电流双闭环调速系统,在突加给定电压启动过程中第一、二阶段,转速调节器处于饱和状态。

　　　　（　　）

4. 转速电流双闭环调速系统在突加负载时,转速调节器和电流调节器两珂者均参与调节作用,但转速调节器 ASR 处于主导地位。　　　　（　　）

5. 转速电流双闭环系统在电源电压波动时的抗扰作用主要通过转速调节器调节实现。　（　　）

6. 转速电流双闭环调速系统中,转速调节器 ASR 输出限幅电压作用是决定了晶闸管变流器输出电压最大值。

　　　　（　　）

7. 转速、电流双闭环直流调速系统中,在系统堵转时,电流转速调节器作用是限制了电枢电流的最大值,从而起到安全保护作用。　　　　（　　）

二、单项选择题

1. 转速、电流双闭环调速系统包括电流环和转速环,其中两环之间关系是(　　)。

A. 电流环为内环,转速环为外环　　　　B. 电流环为外环,转速环为内环

C. 电流环为内环,转速环也为内环　　　D. 电流环为外环,转速环也为外环

2. 转速、电流双闭环调速系统中,转速调节器的输出电压是(　　)。

A. 系统电流给定电压　　　　　　　　　B. 系统转速给定电压

C. 触发器给定电压　　　　　　　　　　D. 触发器控制电压

3. 转速、电流双闭环调速系统中,在突加给定电压启动过程中第一、二阶段,转速调节器处于(　　)状态。

A. 调节　　　　　B. 零　　　　　C. 截止　　　　　D. 饱和

4. 转速、电流双闭环直流调速系统中,在突加负载时调节作用主要靠(　　)来消除转速偏差。

A. 电流调节器　　　　　　　　　　　　B. 转速调节器

C. 电压调节器　　　　　　　　　　　　D. 电压调节器与电流调节器

5. 转速、电流双闭环直流调速系统中,在电源电压波动时的抗扰作用主要通过(　　)来调节。

A. 转速调节器　　　　　　　　　　　　B. 电压调节器

C. 电流调节器　　　　　　　　　　　　D. 电压调节器与电流调节器

6. 转速、电流双闭环调速系统中,转速调节器 ASR 输出限幅电压的作用是(　　)。

A. 决定了电动机允许最大电流值

B. 决定了晶闸管变流器输出电压最大值

C. 决定了电动机最高转速

D. 决定了晶闸管变流器输出额定电压

7. 转速、电流双闭环直流调速系统在系统堵转时,电流转速调节器的作用是(　　)。

A. 使转速跟随给定电压变化　　　　　　B. 对负载变化起抗扰作用

C. 限制了电枢电流的最大值　　　　　　D. 决定了晶闸管变流器输出额定电压值

三、多项选择题

1. 转速、电流双闭环调速系统中(　　)。

A. 电流环为内环　　　B. 电流环为外环　　　C. 转速环为外环

D. 转速环为内环　　　E. 电压环为内环

2. 转速、电流双闭环调速系统中,转速调节器 ASR、电流调节器 ACR 的输出限幅电压作用不同,具体来说是(　　)。

A. ASR 输出限幅电压决定了电动机电枢电流最大值

B. ASR 输出限幅电压限制了晶闸管变流器输出电压最大值

C. ACR 输出限幅电压决定了电动机电枢电流最大值

D. ACR 输出限幅电压限制了晶闸管变流器输出电压最大值

E. ASR 输出限幅电压决定了电动机最高转速值

3. 转速、电流双闭环调速系统启动过程有(　　)阶段。

A. 电流上升　　　B. 恒流升速　　　C. 转速调节

D. 电压调节　　　E. 转速上升

4. 转速、电流双闭环调速系统在突加负载时,转速调节器 ASR 和电流流调节器 ACR 两者均参与调节作用,通过系统调节作用使转速基本不变,当系统调节后(　　)。

A. ASR 输出电压增加　　　B. 晶闸管变流器输出电压增加　　　C. ASR 输出电压减小

D. 电动机电枢电流增大　　　E. ACR 输出电压增加

5. 转速、电流双闭环直流调速系统中,在电源电压波动时的抗扰作用主要通过电流调节器来调节。当电源电压下降时,系统调节过程中(　　　),以维持电枢电流不变,使电动机转速几乎不受电源电压波动的影响。

A. 转速调节器输出电压增大　　　B. 电流调节器输出电压减小

C. 电流调节器输出电压增大　　　D. 触发器控制角减小　　　E. 触发器控制角增大

6. 转速、电流双闭环调速系统中转速调节器的作用有(　　　)。

A. 转速跟随给定电压变化　　　B. 稳态无静差　　　C. 对负载变化起抗扰作用

D. 其输出限幅值决定允许的最大电流　　　E. 对电网电压起抗扰作用

7. 转速、电流双闭环调速系统中电流调节器的作用有(　　　)。

A. 对电网电压起抗扰作用　　　B. 启动时获得最大的电流

C. 电动机堵转时限制电枢电流的最大值

D. 转速调节过程中使电流跟随其给定电压变化

E. 对负载变化起抗扰作用

第 3 章　直流可逆调速系统

3.1　直流可逆调速系统概述

3.1.1　直流可逆调速系统的分类

在可逆调速系统中,对电动机的最基本要求是能改变其旋转方向。而要改变电动机的旋转方向,就必须改变电动机电磁转矩的方向。由直流电动机的转矩公式 $T_e = K_T \Phi I_d$ 可知,改变转矩 T_e 的方向有两种方法:一种是改变电动机电枢电流的方向,实际是改变电动机电枢电压的极性;另一种是改变电动机励磁磁通的方向,实际是改变电动机励磁电流的方向。

电枢可逆电路根据执行元器件的不同可以分为接触器切换电枢可逆电路、晶闸管开关切换电枢可逆电路及两组晶闸管变流器组成的电枢可逆电路三种形式。

图 3-1 所示电路为接触器切换电枢可逆电路。这种电路只采用一组晶闸管变流器,同时在电路中接入正转和反转接触器来切换电动机电枢电流的方向。图中晶闸管变流的输出电压 U_d 极性不变。当正转接触器 KM_F 触点吸合时,电动机电枢电压 A 端为正,B 端为负,电流如实线所示,电动机正转。当 KM_F 触点断开时,而反转接触器 KM_R 触点吸合,电动机电枢电压 A 端为负,B 端为正,电流方向改变,如虚线所示,电动机反转。

接触器的工作状态通常由逻辑电路来控制,这种方案比较经济,但接触器的寿命比半导体元器件低,且动作时间较长。所以这种方案一般适用于不频繁、不快速正反向运行的生产机械上。

图 3-2 所示电路为用晶闸管代替接触器的主触头,从有触点控制变为无触点控制的可逆电路。当晶闸管 VT1 和 VT2 导通、VT3 和 VT4 关断时,电动机正转;当 VT1 和 VT2 关断而 VT3 和 VT4 接通时,电动机反转。

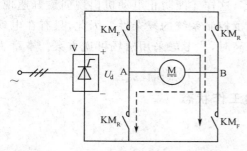

图 3-1　接触器切换的电枢可逆电路

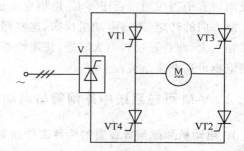

图 3-2　晶闸管切换的电枢可逆电路

这种方案需要多用 4 个晶闸管,经济上无明显优势,一般只适用于几十千瓦以下的中小功率可逆系统。

图 3-3 所示电路为两组晶闸管变流器供电的电枢可逆电路。正向变流器为 VF,对电动机提供正向电流;反向变流器为 VR,对电动机提供反向电流。通过对正反组实现一定的切换控制,就可以实现电动机的可逆运行。

要使直流电动机反转,除了改变电枢电压的极性之外,通过改变励磁通的方向也能得到同样的效果,因此,有励磁反接的可逆电路,在磁场可逆电路中,电动机的电枢回路仍用一组晶闸管整流器供电。而电动机的励磁回路可采用与电枢可逆相同的几种方案,即接触器切换、晶闸管开关切换及两组晶闸管变流器供电三种方式,如图 3-4、图 3-5、图 3-6 所示。

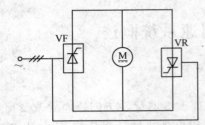

图 3-3　两组晶闸管供电的电枢可逆电路

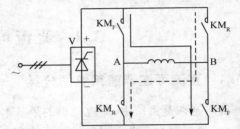

图 3-4　接触器切换的磁场可逆电路

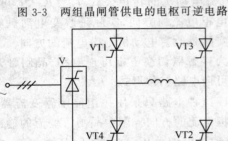

图 3-5　晶闸管切换的磁场可逆电路

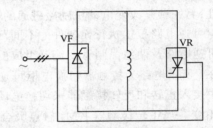

图 3-6　两组晶闸管供电的磁场可逆电路

由于励磁功率只占电动机额定功率的 1%～5%,因而采用励磁反接形式所用晶闸管容量相对较小,整个系统只需在电枢回路用一组大容量的晶闸管装置。对于大容量的系统,采用磁场可逆电路方案,投资较少。但是由于励磁回路的电磁时间常数较大(约几秒,甚至几十秒),所以在励磁电流反向时,常加上很大的强迫励磁电压,以使励磁电流迅速改变,当达到所需数值时立即将励磁电压降到正常值。此外,磁场可逆电路还需要一套较复杂的控制电路,以保证在反向过程中当磁通接近于零时,电枢电流也为零,这样才能防止电动机出现弱磁升速现象,产生原方向的转矩,阻碍电动机反向,这些都增加了控制系统的复杂性。因此,只有在电动机容量相当大,而且正反转不太频繁,快速性要求不高时,才考虑采用磁场可逆方案。本章主要介绍电枢可逆调速系统。

3.1.2　V-M 可逆系统中晶闸管与电动机的工作状态

1. 电动机和晶闸管装置的两种工作状态

直流他励电动机无论是正转还是反转,都可以有两种工作状态,一种是电动状态;另一种是制动状态(又称发电状态)。

电动运行状态是指电动机电磁转矩的方向与电动机旋转方向相同,电网给电动机输入能量,并转换为负载的动能。

制动运行状态是指电动机电磁转矩的方向与电动机旋转方向相反,电动机将动能转换为电能输出,如果将此电能回送给电网,则这种制动就叫做回馈制动。

在励磁磁通恒定时,电动机电磁转矩的方向就是电枢电流的方向,转速的方向也就是反电动势的方向。所以在分析时,常用电枢电流 I_d 和反电动势 E 的相对方向来表示电动机的电动运行状态和制动运行状态。

晶闸管装置也有两种工作状态,一种是整流工作状态;另一种是逆变工作状态。在由单组晶闸管组成的全控整流电路中,如果电动机带的是位能性负载,当控制角 $\alpha < 90°$ 时,晶闸管装置直流侧输出的平均电压为正值,且其理想空载值 $U_{d0} > E$,所以能输出整流电流 I_d,使电动机产生转矩而将重物提升,如图 3-7 所示。这时,电能从交流电网经晶闸管装置输送给电动机晶闸管装置,并工作于整流状态。

若要求电动机下放重物,必须将控制角 α 移到 90°以上,这时晶闸管装置直流侧输出平均电压的极性便倒了过来,理想空载值变成负值 $-U_{d0}$,它将无法输出电能,但在重物的作用下,电动机将被拉向反转(如果电动机的负载是阻抗性的,电动机将被迫停止旋转),并产生反向的电动势 $-E$,其极性如图 3-8 所示。当 $|E| > |U_{d0}|$ 时,又将产生电流和转矩,它们的方向仍和提升重物时一样,由于此时电动机是下放重物,所以这个方向的转矩能阻止重物下降得太快而避免发生事故。这时电动机相当于一台由重物拖动的发电机,将重物的位能转化成电能,通过晶闸管装置输送到交流电网,晶闸管装置本身则工作于逆变状态。

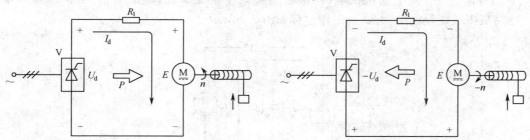

图 3-7　V-M 系统带位能性负载时的　　　图 3-8　V-M 系统带位能性负载时的
　　　　整流状态(提升)　　　　　　　　　　逆变状态(下放)

由此可见,在单组晶闸管装置供电的 V-M 系统带位能性负载时,同一套晶闸管装置既可以工作在整流状态,也可以工作在逆变状态。两种状态中电流方向不变,而晶闸管装置直流侧输出的平均电压的极性相反。因此,能在整流状态中输出电能,而在逆变状态中吸收电能。通过上面典型实例的分析,可以归纳出晶闸管装置产生有源逆变状态时普遍适用的两个条件:

(1) 内部条件:控制角 $\alpha > 90°$,使晶闸管装置直流侧产生一个负的平均电压 $-U_{d0}$。

(2) 外部条件:外电路必须有一个直流电源,其极性与 $-U_{d0}$ 极性相同,其数值应稍大于 $|U_{d0}|$,以产生和维持逆变电流。

2. 电动机的发电回馈制动

在运行过程中，许多生产机械都需要快速地减速或停车，最经济的办法就是采用发电回馈制动，让电动机工作在第Ⅱ象限的机械特性上，将制动期间释放出来的能量送回电网。

电动机的发电回馈制动与以上讨论的电动机带位能性负载反转制动状态相比，都是将电能通过晶闸管装置送回电网，但两者之间有着本质上的区别，主要表现在以下三点：

（1）发电回馈制动时，电动机工作在第Ⅱ象限，转速的方向是正的，转矩方向变负，而带位能性负载反转制动在第Ⅳ象限，转速的方向变成负的，转矩方向不变。

（2）发电回馈制动一般是一个过渡过程，最终仍要回到第Ⅰ象限才能稳定下来，或者最后回到零点而停止运行，而电动机带位能负载反转制动是一种稳定的运行状态。

（3）发电回馈制动时，从电动机方面看来，任何负载在减速制动过程中都不可能帮助电动机改变其反电动势的极性，要回馈电能必须设法使电流反向，而位能负载反转制动运行时，电动机反电动势的极性随着转速而改变其方向，以维持原来电流方向的流动。

3. 在 V-M 系统中实现发电回馈制动

从电动机方面来看，实现回馈制动要么改变转速的方向，要么改变电磁转矩（即电枢电流）的方向。而任何负载在减速制动过程中，转速方向都不变，所以要实现回馈制动，必须设法改变电动机电磁转矩的方向，即改变电枢电流的方向。

对于单组晶闸管-电动机系统，由于晶闸管具有单向导电性，要想改变电枢电流方向是不可能的。因此，利用原来这组晶闸管就不可能实现回馈制动，需要寻找两组晶闸管装置组成的可逆电路，利用另外一组晶闸管的逆变状态来实现电动机的回馈制动。

正组晶闸管 VF 给电动机供电，晶闸管装置处于整流状态，输出上正、下负的整流电压 U_{df}，电动机吸收能量作电动运行，工作过程如图 3-9 所示。

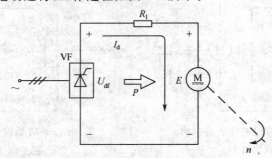

图 3-9　V-M 系统正组整流电动运行

当需要发电回馈制动时，可利用控制电路切换到反组晶闸管 VR，并使它工作在逆变状态，输出一个上正、下负的逆变电压 U_{dr}，这时电动机的反电动势虽然未改变，但当 $|U_{dr}| < E$ 时，便将产生反向电流 $-I_d$，电动机输出能量实现回馈制动，如图 3-10 所示。V-M 系统正组整流电动运行和反组逆变回馈制动的运行范围，如图 3-11 所示。

即使是不可逆系统，电动机并不要求反转，只要是需要快速回馈制动，也应有两组反并联（或交叉连接）的晶闸管装置，正组作为整流供电，反组提供逆变制动。这时反组晶闸管只在短时间内给电动机提供制动电流，并不提供稳态运行电流，因而实际容量可以用得小一些。

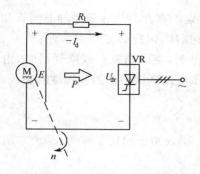

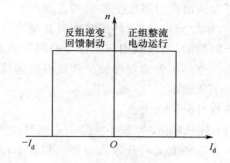

图 3-10　V-M 系统反组逆变回馈制动运行 　　　图 3-11　V-M 系统正组整流电动运行和反组
　　　　　　　　　　　　　　　　　　　　　　　　　　　逆变回馈制动的运行范围

　　对于用两组晶闸管的可逆系统来说,在正转运行时,可利用反组晶闸管实现回馈制动;反转运行时,同样可以利用正组晶闸管实现回馈制动,正反转和制动的装置合而为一,两组晶闸管的容量自然没有区别。

　　把可逆电路正反转时,晶闸管装置和电动机的工作状态归纳起来如表 3-1 所示。

表 3-1　V-M 系统反并联可逆电路的工作状态

V-M 系统的工作状态	正向运行	正向制动	反向运行	反向制动
电枢端电压极性	+	+	−	−
电枢电流极性	+	−	−	+
电动机旋转方向	+	+	−	−
电动机运行状态	电动	回馈发电	电动	回馈发电
晶闸管工作的组别和状态	正组整流	反组逆变	反组整流	正组逆变
机械特性所在象限	一	二	三	四

3.2　有环流直流可逆调速系统

3.2.1　可逆系统中的环流问题

　　由两组晶闸管变流器组成的可逆电路,除了流经电动机的负载电流之外,还可能产生不流经负载而只流经两组晶闸管变流器的电流。这种电流称为环流,如图 3-12 所示。

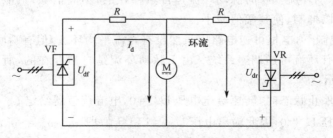

图 3-12　V-M 系统中的环流

环流的出现对系统主要有两方面影响：一方面，环流的存在会显著地增加晶闸管和变压器的负担，增加无功损耗，环流太大时甚至会导致晶闸管损坏，因此必须加以抑制；另一方面，通过适当的控制，可以利用环流作为晶闸管的基本负载电流，当电动机空载或轻载时，由于环流的存在而使晶闸管装置继续工作在电流连续区，避免了电流断续引起的非线性对系统动、稳态性能的不利影响。

环流可分为两大类：

（1）静态环流：静态环流是指晶闸管变流器在某一触发角下稳定工作时，系统中所出现的环流。静态环流又可分为直流环流和脉动环流。

（2）动态环流：当系统工作状态发生变化，出现瞬态过程时，由于晶闸管触发相位突然改变所引起的环流称为动态环流。

在可逆系统中，正确处理环流问题是可逆系统的关键。可逆系统正是依据处理环流的方式不同而分为有环流系统和无环流系统两大类。

3.2.2　$\alpha = \beta$ 工作制的有环流可逆系统

直流平均环流的产生原因是两组晶闸管装置之间存在正向的直流电压差。若能保证 U_{df} 与 U_{dr} 始终大小相等，方向也相同，则可消除偏差，即

$$U_{df} = -U_{dr}$$

当正组 VF 处于整流时

$$U_{df} = U_{domax}\cos\alpha_f$$

反组 VR 处于逆变时

$$U_{dr} = U_{domax}\cos\alpha_r$$

故有

$$\cos\alpha_f = -\cos\alpha_r$$

可得

$$\alpha_f = 180 - \alpha_r = \beta_r$$

即当正组 VF 整流时，让反组 VR 处于待逆变状态，且正组 VF 的整流角等于反组 VR 的逆变角，以消除直流电压差；反之亦然。这种措施称之为 $\alpha = \beta$ 配合控制。

在 $\alpha = \beta$ 配合控制条件下，$|U_{df}| = |U_{dr}|$，因而没有直流平均环流，但这只是对输出电压的平均值而言的，整流电压 U_{df} 和逆变电压 U_{dr} 的瞬时值是不相等的，二者之间仍存在瞬时电压差，从而产生瞬时脉动环流。瞬时脉动环流是自然存在的，不能消除，只能通过在主回路中串入环流电抗器来加以抑制，使其幅值减小。

在 $\alpha = \beta$ 配合控制下，电枢可逆电路中虽然没有直流平均环流，但有瞬时脉动环流，所以这样的控制系统称为有环流可逆调速系统。由于脉动环流是自然存在的，所以又称为自然环流系统，如图 3-13 所示。

当电动机处于停止状态时，转速给定电压 $U_n^* = 0$，电流调节器给定 $U_i^* = 0$，正组控制电压 $U_c = 0$，反组控制电压 $\overline{U_c} = 0$，因此输出电压 $U_{dfo} = U_{dro} = 0$，即 $\alpha_{fo} = \alpha_{ro} = 90°$，电动机转速 $n = 0$。

电动机正向启动运行时，转速给定电压 $U_n^* > 0$ 电机正转。正组控制电压 $U_c > 0$，正组 VF 处于整流工作状态，反组控制电压 $\overline{U_c} < 0$，反组 VR 处于待逆变状态。所谓待逆变状态是指逆

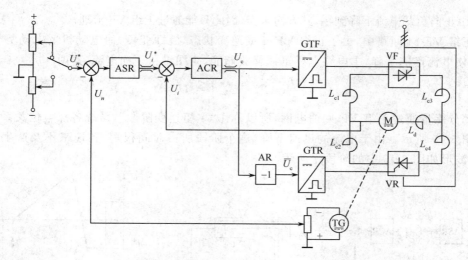

图 3-13　采用 $\alpha=\beta$ 配合控制的可逆电路

变组除环流外并未流过负载电流,也就没有电能回馈电网,确切地说,它只表示该组晶闸管装置是在逆变角控制下等待工作。电动机启动过程与双闭环不可逆系统启动过程相同,经历电流上升、恒流升速和转速调节三个阶段之后进入稳定运行状态,当系统稳定时,系统各点电位关系及功率关系如图 3-14 所示。

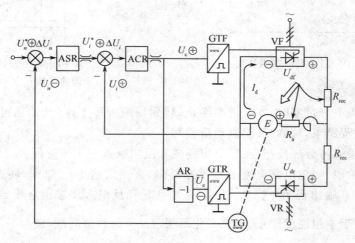

图 3-14　系统正转稳定

可逆调速系统由正转到反转的过程,则可看做是正向制动与反向启动过程的衔接,所以只需对其正向制动过程加以分析。

整个制动过程可以分为本组逆变和反组制动两个主要阶段,现以正向制动过程为例来说明有环流可逆调速系统的制动过程。

本组逆变阶段:发出停车(或反向)指令后,转速给定电压突变为零(或负值),使得转速调节器 ASR 输出跃变到正限幅值 $+U_{im}^*$,此时电流调节器 ACR 输出跃变成负限幅值 $-U_{cm}$,导致正组 VF 由整流状态很快变成的逆变状态,同时反组 VR 由待逆变状态转变成待整流状态。在这阶段中,电流由正向负载电流下降到零,其方向未变,因此只能通过正组 VF 流通。

在正组 VF-M 回路中,由于正组 VF 变成逆变状态,极性变负,而电动机反电动势 E 极性未变,迫使电流迅速下降,主电路电感迅速释放储能,企图维持正向电流,这时

$$L \frac{\mathrm{d}I_d}{\mathrm{d}t} - E > |U_{d0f}| = |U_{d0r}|$$

大部分能量通过正组 VF 回馈电网,所以称作"本组逆变阶段",系统各点电位关系及功率关系如图 3-15 所示。由于电流的迅速下降,这个阶段所占时间很短,转速来不及产生明显的变化,其波形如图 3-16 中的阶段 I 所示。

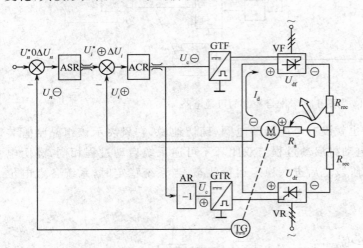

图 3-15　本组逆变

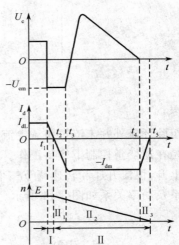

图 3-16　配合控制有环流可逆直流
调速系统正向制动渡过程波形

当主电路电流下降过零时,本组逆变终止,转到反组 VR 工作,开始通过反组制动。从这时起,直到制动过程结束,统称"反组制动阶段"。

反组制动阶段又可分成反组建流、反组逆变和反向减流三个子阶段。

反组建流子阶段:当主电路电流 I_d 过零并反向,直至到达 $-I_{dm}$ 以前,转速调节器 ACR 并未脱离饱和状态,其输出仍为 $-U_{cm}$。这时,正组 VF 和反组 VR 输出电压的大小都和本组逆变阶段一样,但由于本组逆变停止,电流变化延缓,$L \frac{\mathrm{d}I_d}{\mathrm{d}t}$ 的数值略减,使

$$L \frac{\mathrm{d}I_d}{\mathrm{d}t} - E < |U_{d0f}| = |U_{d0r}|$$

反组 VR 由"待整流状态"进入整流状态,向主电路提供电流 $-I_d$。由于反组整流电压 U_{d0r} 和反电动势 E 的极性相同,反向电流很快增长,电动机处于反接制动状态,转速明显地降低,因此,又可称作"反组反接制动状态",系统各点电位关系及功率关系如图 3-17 所示。过渡过程波形如图 3-16 中的阶段 II_1 所示。

反组逆变子阶段:当反向电流达到 $-I_{dm}$ 并略有超调时,ACR 输出电压 U_c 退出饱和,其数值很快减小,又由负变正,然后再增大,使反组 VR 回到逆变状态,而正组 VF 变成待整流状态。此后,在转速调节器 ACR 的调节作用下,力图维持接近最大的反向电流 $-I_{dm}$,因而电流

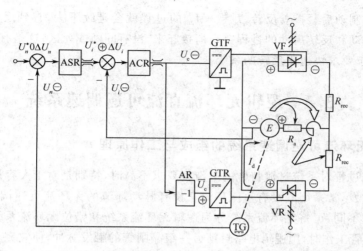

图 3-17　反组建流

变化 $L\dfrac{dI_d}{dt}\approx 0$，使

$$E>|U_{d0f}|=|U_{d0r}|$$

电动机在恒减速条件下回馈制动，把动能转换成电能，其中大部分通过反组 VR 逆变回馈电网，系统各点电位关系及功率关系如图 3-18 所示。过渡过程波形如图 3-16 中的阶段 II_2 所示，称作"反组回馈制动阶段"或"反组逆变阶段"。由图可知，这个阶段所占的时间最长，是制动过程的主要阶段。

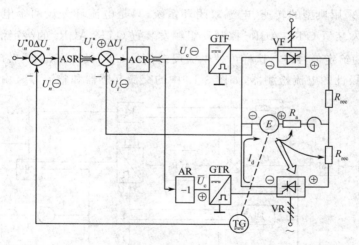

图 3-18　反组逆变

反向减流子阶段：在这一阶段，转速下降得很低，无法再维持 $-I_{dm}$，于是电流立即衰减。在电流衰减过程中，电感 L 上的感应电压 $L\dfrac{dI_d}{dt}$ 支持着反向电流，并释放出存储的磁能，与电动机断续释放出的动能一起通过反组 VR 逆变回馈电网。如果电动机随即停止，整个制动过程到此结束。过渡过程波形如图 3-16 中的阶段 II_3 所示。

如果需要在制动后紧接着反转，$I_d = -I_{dm}$ 的过程就会延续下去，直到反向转速稳定时为止。由于正转制动和反转启动的过程完全衔接起来，没有间断或死区，这是有环流可逆调速系统的优点，适用于要求快速正反转的系统。

3.3 逻辑无环流直流可逆调速系统

3.3.1 逻辑无环流可逆调速系统的组成与工作原理

当生产工艺过程对系统过渡特性的平滑性要求不高时，特别是对于大容量的系统，从生产可靠性的要求出发，常采用既没有直流环流又没有脉动环流的无环流可逆调速系统。根据实现无环流的原理不同，可将无环流系统分为逻辑无环流系统和错位无环流系统两类。

当一组晶闸管工作时，用逻辑电路封锁另一组晶闸管的触发脉冲，使它完全处于阻断状态，确保两组晶闸管不同时工作，从根本上切断了环流的通路，这就是逻辑控制的无环流可逆系统。

实现无环流的另一种方法是采用触发脉冲相位配合控制的方法，当一组晶闸管整流时，另一组晶闸管处于待逆变状态，但两组触发脉冲的相位错开较远，因而当待逆变组触发脉冲到来时，它的晶闸管元器件却处于反向阻断状态，不可能导通，从而也不可能产生环流。这就是错位控制的无环流可逆系统。本节只介绍生产中最常用的逻辑无环流控制调速系统。

逻辑控制的无环流可逆调速系统（又称为逻辑无环流系统），是目前在生产中应用最为广泛的可逆系统，其原理框图，如图 3-19 所示。主电路采用两组晶闸管装置反并联电路，由于没有环流，不用再设置环流电抗器，但为了保证稳定运行时电流波形的连续，仍应保留平波电抗器 L_d。控制电路采用典型的转速、电流双闭环系统，只是电流环分设两个电流调节器，ACR_1 用来控制正组触发装置 GTF，ACR_2 控制反组触发装置 GTR，ACR_1 的给定信号 U_i^* 经反号器 AR 作为 ACR_2 的给定信号 $\overline{U_i^*}$，这样可使电流反馈信号 U_i 的极性在正、反转时都不必改变，从而可采用不反映极性的电流检测器，如图 3-19 中的交流互感器和整流器。由于主电路不设均

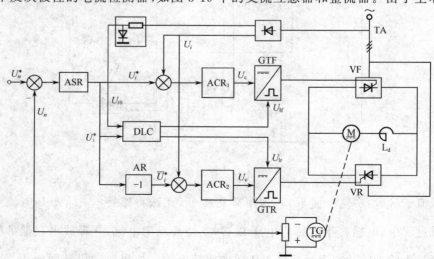

图 3-19　逻辑控制无环流可逆调速系统

衡电抗器,一旦出现环流将造成严重的短路事故,所以对工作时的可靠性要求特别高。为此,在逻辑无环流系统中设置了无环流逻辑控制器 DLC,这是系统中的关键部件,必须保证其可靠工作。它按照系统的工作状态,指挥系统进行自动切换,或者允许正组发出触发脉冲而封锁反组,或者允许反组发出触发脉冲而封锁正组。触发脉冲的零位仍整定在 $\alpha_{f0} = \alpha_{r0} = 90°$,在任何情况下,都不容许两组晶闸管同时开放,以确保主电路没有产生环流的可能。

由于采用双闭环控制,启动过程也分三个阶段。制动过程与有环流可逆调速系统相同,所不同的是:有环流系统两组晶闸管都被触发,一组工作时,另一组仅输出电压,处于待整流(或待逆变)状态;逻辑无环流系统任何时候仅有一组晶闸管被触发。

3.3.2　无环流控制器的构成

所谓无环流逻辑控制器就是根据可逆系统各种运行状态,正确地控制两组晶闸管装置触发脉冲的封锁与开放,使得在正组晶闸管 VF 工作时封锁反组脉冲,在反组晶闸管 VR 工作时封锁正组脉冲。两组触发脉冲决不能同时开放。

可逆系统共有 4 种运行状态,即四象限运行。当电动机正转和反向制动时,系统运行在第 Ⅰ 和第 Ⅳ 象限,它们共同点是电枢电流方向为正(在磁场极性不变时,电磁转矩方向与电枢电流方向相同),这时正组晶闸管 VF 分别工作在整流和逆变状态,而反组晶闸管 VR 都处于待工作状态。当电动机反转和正向制动时,系统运行在第 Ⅱ 和第 Ⅲ 象限,其共同点是电枢电流方向为负。这时,反组晶闸管 VR 分别工作在整流和逆变状态,而正组晶闸管 VF 都处于待工作状态。

由此可见,根据电枢电流的方向(也就是电磁转矩的方向),就可以判断出两组晶闸管所处的状态(工作状态或待机状态),从而决定逻辑控制器应当封锁哪一组,开放哪一组。当系统要求有正的电枢电流时,逻辑控制器应当开放正组触发脉冲,使正组晶闸管工作,而封锁反组触发脉冲;当系统要求有负的电枢电流时,逻辑控制器应当开放反组触发脉冲,使反组晶闸管工作,而封锁正组触发脉冲。经研究分析发现,速度调节器 ASR 的输出 U_i^*,也就是电流给定信号,它的极性正好反映了电枢电流的极性。所以,电流给定信号 U_i^* 可以作为逻辑控制器的指挥信号之一。DLC 首先鉴别 U_i^* 的极性,当 U_i^* 由正变负时,封锁反组,开放正组;反之,当 U_i^* 由负变正时,封锁正组,开放反组。

然而,仅用电流给定信号 U_i^* 去控制 DLC 还是不够的。例如,当系统正向制动时,U_i^* 极性已由负变正,可是在电枢电流未反向以前,仍要保持正组开放,以实现本组逆变。若本组逆变尚未结束,就根据 U_i^* 极性的改变而去封锁正组触发脉冲,结果将使逆变状态下的晶闸管失去触发脉冲,发生逆变颠覆事故。因此,U_i^* 极性的变化只表明系统有了使电流(转矩)反向的意图,电流(转矩)极性的真正变换要等到电流下降到零之后进行。这样,逻辑控制器还必须有一个"零电流检测"信号 U_{i0},作为发出正反组切换指令条件。逻辑控制器只有在切换的两个条件满足后,并经过必要的逻辑判断,才发出切换指令。

逻辑切换指令发出后,并不能立刻执行,还须经过两段延时时间,以确保系统可靠工作,即封锁延时 t_{d1} 和开放延时 t_{d2}。

(1) 封锁延时 t_{d1}:即从发出切换指令到真正封锁掉原来工作组的触发脉冲之前所等待的时间。因为电流未降到零以前,其瞬时值是脉动的。而检测零电流的电平检测器总有一个

最小动作电流值 I_0，如果脉动的电流瞬时低于 I_0，而实际仍在连续变化时，就根据检测到的零电流信号去封锁本组脉冲，使正处于逆变状态的本组发生逆变颠覆事故。设置封锁延时后，检测到的零电流信号等待一段时间 t_{d1}，使电流确实下降为零，这才可以发出封锁本组脉冲的信号。

（2）开放延时 t_{d2}：即从封锁原工作组脉冲到开放另一组脉冲之间的等待时间。因为在封锁原工作组脉冲时，已被触发的晶闸管要到电流过零时才真正关断，而且在关断之后还要一段恢复阻断能力的时间，如果在这之前就开放另一组晶闸管，仍可能造成两组晶闸管同时导通，发生环流短路事故。为防止这种事故发生，在发出封锁本组信号之后，必须等待一段时间 t_{d2}，才允许开放另一组脉冲。

过小的封锁延时和开放延时会因延时不够而造成两组晶闸管换流失败，造成事故；过大的延时将使切换时间拖长，增加切换死区，影响系统过渡过程的快速性。对于三相桥式电路，一般取 $t_{d1}=2\sim3$ ms，$t_{d2}=5\sim7$ ms。

最后，在 DLC 中还必须设置联锁保护电路，以确保两组晶闸管触发脉冲不同时开放。

综上所述，对无环流逻辑控制器的要求可归纳如下：

（1）两组晶闸管进行切换的两个条件是：电流给定信号 U_i^* 改变极性和零电流检测器发出零电流信号 U_{i0}，这时才能发出逻辑切换指令。

（2）发出切换指令后，须经过封锁延时 t_{d1} 才能封锁原导通组脉冲，再经过开放延时 t_{d2} 后，才能开放另一组脉冲。

（3）在任何情况下，两组晶闸管的触发脉冲决不允许同时开放（当一组工作时，另一组关断。环流逻辑控制器的具体组成及原理在此不再进一步分析）。

根据对逻辑控制器 DLC 的要求，它由 4 部分组成，即电平检测环节、逻辑判断环节、延时电路环节及联锁保护环节，如图 3-20 所示。

图 3-20　逻辑无环流控制器

电平检测完成对输入量的模/数转换。逻辑判断环节根据转矩极性鉴别和零电平检测的输出状态，正确地判断晶闸管的触发脉冲是否需要进行切换及切换条件是否具备。延时环节用于实现封锁延时 t_{d1} 和开放延时 t_{d2}。联锁保护环节保证两组晶闸管不能同时开放。

对于普通逻辑无环流系统，在电流换向待工作组刚开放时，因整流电压和电动机反电动势相加会造成很大的电流冲击。例如，系统的正向制动过程，在本组（正组）逆变结束后，其反组（待工作组）脉冲在 $\alpha_{\min}$ 位置，因此，反组是在整流状态下投入工作的。此时反组的整流电压和电动机反电动势同极性相加，电动机进入反接制动状态，迫使主电路的反向电流迅速增大，产生电流冲击和超调。控制系统正是利用电流超调将反组推入逆变状态的。

为了限制这种换向时的电流冲击，应使反组（待工作组）在逆变状态下投入工作，使它组制动阶段一开始就进入它组逆变子阶段，避开了反接制动，逆变电压与电动机反电动势极性相反,冲击电流自然就小得多。虽然这样做会使反向制动电流建立得慢一些,但不至于出现过大的冲击电流,这对系统是有利的。

3.3.3　逻辑无环流系统的优缺点

通常,使待工作组投入工作时处于逆变状态的环节叫做"推 β"环节。

逻辑无环流可逆调速系统的优点是可省去环流电抗器,没有附加的环流损耗,从而可节省变压器和晶闸管装置的设备容量。与有环流系统相比,因换流失败而造成的事故率大大降低。其缺点是由于延时造成了电流换向死区,影响系统过渡过程的快速性。

加入"推 β"信号后,由于切换前转速所决定的反电动势一般都小于 β_{min} 所对应的最大逆变电压,所以切换后并不能立即实现回馈制动,必须等到 β 角移至逆变电压低于电动机反电动势之后,才能产生制动电流。因此,系统除了有关断延时和开放延时造成的死时外,还有"推 β"所造成的死时,且后者有时长达几十甚至一百多毫秒,大大延长了电流换向死时。

若要减小电流切换死区,可采用"有准备切换"逻辑无环流系统。其基本方法是:让待逆变组的 β 角在切换前不是等在 β_{min} 处,而是等在使逆变组电压与电动机反电动势相适应的位置。当待逆变组投入时,其逆变电压的大小和电动机反电动势基本相等,很快就能产生回馈制动。这种系统的电流换向死时就只剩下封锁延时和开放延时时间了。

3.4　欧陆 514C 直流调速器应用

欧陆 514C 调速装置系统是英国欧陆驱动器元器件公司生产的一种以运算放大器作为调节元器件的模拟式直流可逆调速系统,其外观如图 3-21 所示。欧陆 514C 主要用于对他励式直流电动机或永磁式直流电动机的速度进行控制,能控制电动机的转速在四象限中运行。它由两组反并联的晶闸管模块、驱动电源印制电路板、控制电路印制电路板和面板四部分组成。

欧陆 514C 调速装置使用单相交流电源,主电源由一个开关进行选择采用交流 220 V,50 Hz。直流电动机的速度通过一个带反馈的线性闭环系统来控制。反馈信号通过一个开关进行选择,可以使用转速负反馈,也可以使用控制器内部的电枢电压负反馈电流来进行正反馈补偿。反馈的形式由功能选择开关 SW1/3 进行选择。如采用电压负反馈,则可使用电位器 RP8 加上电流正反馈作为速度补偿,如果采用转速负反馈则电流正反馈电位器 RP8 应逆时针转到底,关闭电流正反馈补偿功能。速度负反馈系数通过功能选择开关 SW1/1 进行选择,SW1/2 用来设定反馈电压的范围。

图 3-21　欧陆 514C 外观图

欧陆 514C 调速装置控制回路外环是速度环,内环是电流环的双闭环调速系统,同时采用了无环流控制器对电流调节器的输出进行控制,分别触发正、反组晶闸管单相全控桥式整流电路,以控制电动机正、反转的四象限运行。

欧陆 514C 调速装置主电源端子功能,如表 3-2 所示。

表 3-2　电源接线端子功能

端子号	功 能 说 明
L1	接交流主电源输入相线 1
L2/N	接交流主电源输入相线 2/中性线
A1	接交流电源接触器线圈
A2	接交流电源接触器线圈
A3	接辅助交流电源中性线
A4	接辅助交流电源相线
FL1	接励磁整流电源
FL2	接励磁整流电源
A+	接电动机电枢正极
A−	接电动机电枢负极
F+	接电动机励磁正极
F−	接电动机励磁负极

　　欧陆 514C 调速装置控制接线端子分布,如图 3-22 所示。各控制端子功能,如表 3-3 所示。

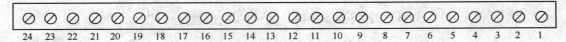

24 23 22 21 20 19 18 17 16 15 14 13 12 11 10 9 8 7 6 5 4 3 2 1

图 3-22　欧陆 514C 控制器控制接线端子分布

表 3-3　控制端子功能

端子号	功　　能	说　　明
1	测速反馈信号输入端	接测速发电机输入信号,根据电机转速要求,设置测速发电机反馈信号大小,最大电压为 350 V
2	未使用	
3	转速表信号输出端	模拟量输出:0～±10 V,对应 0%～100%转速
4	未使用	
5	运行控制端	24 V 运行,0 V 停止
6	电流信号输出	SW1/5＝OFF 电流值双极性输出 SW1/5＝ON 电流值输出
7	转矩/电流极限输入端	模拟量输入:0～+7.5 V,对应 0%～150%标定电流
8	0 V 公共端	模拟/数字信号公共地
9	给定积分输出端	0～±10 V,对应 0%～±100%积分给定
10	辅助速度给定输入端	模拟量输入:0～±10 V,对应 0%～±100%速度
11	0 V 公共端	模拟/数字信号公共地
12	速度总给定输出端	模拟量输出:0～±10 V,对应 0%～±100%速度

续表

端子号	功　　能	说　　明
13	积分给定输入端	模拟量输入:0~-10 V,对应 0%~100%反转速度 0~+10V,对应 0%~100%正转速度
14	+10 V 电源输出端	输出+10 V 电源
15	故障排除输入端	数字量输入:故障检测电路复位输入+10 V 为故障排除
16	-10 V 电源输出端	输出-10 V 电源
17	负极性速度给定修正输入端	模拟量输入: 0~-10 V,对应 0%~100%正转速度 0~+10 V,对应 0%~100%反转速度
18	电流给定输入/输出端	模拟量输入/输出: SW1/8=OFF 电流给定输入 SW1/8=ON 电流给定输出　0~±7.5 V,对应 0%~±150%标定电流
19	"正常"信号端	数字量输出:+24 V 为正常无故障
20	始能输入端	控制器始能输入: +10~+24 V 为允许输入 0 V 为禁止输入
21	速度总给定反向输出端	模拟量输出:0~10 V,　对应 0%~100%正向速度
22	热敏电阻/低温传感器输入端	热敏电阻或低温传感器: <200 Ω 正常 >1 800 Ω 过热
23	零速/零给定输出端	数字量输出: +24 V 为停止/零速给定 0 V 为运行/无零速给定
24	+24 V 电源输出端	输出+24 V 电源

　　欧陆 514C 调速装置控制器面板 LED 指示灯实物及含义如图 3-23 所示,作用如表 3-4 所示。

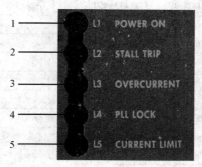

图 3-23　欧陆 514C 控制器面板 LED 指示灯实物及指示灯含义

1—电源;2—堵转故障跳闸;3—过电流;4—锁相;5—电流限制

表 3-4 欧陆 514C 控制器面板 LED 指示灯含义

指示灯	含 义	显示方式	说　　明
LED1	电源	正常时灯亮	辅助电源供电
LED2	堵转故障跳闸	故障时灯亮	装置为堵转状态，转速环中的速度失控 60 s 后跳闸
LED3	过电流	故障时灯亮	电枢电流超过 3.5 倍校准电流
LED4	锁相	正常时灯亮	故障时闪烁
LED5	电流限制	故障时灯亮	装置在电流限制、失速控制、堵转条件下 60 s 后跳闸

欧陆 514C 控制器功能选择开关如图 3-24 所示，其作用如表 3-5、表 3-6 所示。

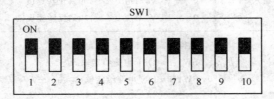

图 3-24 功能选择开关

表 3-5 额定转速下的测速发电机/电枢电压的反馈电压范围设置

SW1/1	SW1/2	反馈电压范围/V	备注
OFF(断开)	ON(接通)	10～25	用电位器 P10 调整达到最大速度时所对应的反馈电压数值
ON(接通)	ON(接通)	25～75	
OFF(断开)	OFF(断开)	75～125	
ON(接通)	OFF(断开)	125～325	

表 3-6 电位器功能开关作用

开关名称	状 态	作　　用
速度反馈开关	OFF(断开)	速度控制测速发电机反馈方式
SW1/3	ON(接通)	速度控制电枢电压反馈方式
零输出开关	OFF(断开)	零速度输出
SW1/4	ON(接通)	零给定输出
电流电位计开关	OFF(断开)	双极性输出
SW1/5	ON(接通)	单极性输出
积分隔离开关	OFF(断开)	积分输出
SW1/6	ON(接通)	无积分输出
逻辑停止开关	OFF(断开)	禁止逻辑停止
SW1/7	ON(接通)	允许逻辑停止
电流给定开关	OFF(断开)	18# 控制端电流给定输入
SW1/8	ON(接通)	电流给定输出
过流接触器跳闸禁止开关	OFF(断开)	过流时接触器跳闸
SW1/9	ON(接通)	过流时接触器不跳闸
速度给定信号选择开关	OFF(断开)	总给定
SW1/10	ON(接通)	积分给定输入

欧陆 514C 控制器面板上各电位器位置,如图 3-25 所示,电位器功能,如表 3-7 所示。

图 3-25　面板上各电位器位置

表 3-7　面板电位器功能

电位器名称	功　　能
上升斜率电位器 P1	调整上升积分时间(线性 1~40 s)
下降斜率电位器 P2	调整下降积分时间(线性 1~40 s)
速度环比例系数电位器 P3	调整速度环比例系数
速度环积分系数电位器 P4	调整速度环积分系数
电流限幅电位器 P5	调整电流限幅值
电流环比例系数电位器 P6	调整电流环比例系数
电流环积分系数电位器 P7	调整电流环积分系数
电流补偿电位器 P8	调节采用电枢电压负反馈时的电流正反馈补偿值
P9	未使用
最高转速电位器 P10	控制电机最大转速
零速偏移电位器 P11	零给定时,调节零速
零速检测阀值电位器 P12	调整零速的检测门限电平

转速调节器 ASR 的输出电压经 P5 及 7♯接线端子上所接的外部电位器调整限幅后,作为电流内环的给定信号,与电流负反馈信号进行比较,加到电流调节器的输入端,以控制电动机电枢电流。电枢电流的大小由 ASR 的限幅值以及电流负反馈系数决定。

(1)在 7♯端子上不外接电位器,通过 P5 可得到对应最大电枢电流为 1.1 倍标定电流的限幅值。

(2)在 7♯端子上通过外接电位器输入 0～+7.5 V 的直流电压时,通过 RP5 可得到最大电枢电流为 1.5 倍标定电流值。

习　题

一、判断题

1. 要改变直流电动机的转向,可以同时改变电枢电压和励磁电压的极性。　　　　　（　　）

2. 电动机工作在电动状态时,电动机电磁转矩的方向和转速方向相同。　　　　　（　　）

3. 在电枢反并联可逆系统中,当电动机反向制动时,正向晶闸管变流器的控制角 $\alpha > 90°$ 处于逆变状态。
　　　　　　　　　　　　　　　　　　　　　　　　　　　　　　　　　　　　　　　（　　）

4. 采用两组晶闸管变流器电枢并联可逆系统有:有环流可逆系统、逻辑无环流可逆系统、直接无环流可逆系统等。

5. 逻辑无环流可逆调速系统是通过无环流逻辑装置保证系统在任何时刻都只有一组晶闸管变流器加触发脉冲处于导通工作状态,而另一组晶闸管变流器的触发脉冲被封锁,而处于阻断状态,从而实现无环流。
　　　　　　　　　　　　　　　　　　　　　　　　　　　　　　　　　　　　　　　（　　）

6. 在逻辑无环流可逆系统中,当转矩极性信号改变极性时,若零电流检测器发出零电流信号,可立即封锁原工作组,开放另一组。　　　　　　　　　　　　　　　　　　　　　（　　）

7. 电平检测电路实质上是一个模数转换电路。　　　　　　　　　　　　　　　　（　　）

二、选择题

1. 反并联连接电枢可逆调速电路中,两组晶闸管变流器的交流电源由（　　）供电。

A. 两个独立的交流电源　　　　　　　　　　B. 同一交流电源

C. 两台整流变压器　　　　　　　　　　　　D. 整流变压器两个二次绕组

2. 直流电动机工作在电动状态时,电动机的（　　）。

A. 电磁转矩的方向和转速方向相同,将电能转化机械能

B. 电磁转矩的方向和转速方向相同,将机械能转化电能

C. 电磁转矩的方向和转速方向相反,将电能转化机械能

D. 电磁转矩的方向和转速方向相反,将机械能转化电能

3. 电枢反并联可逆调速系统中,当电动机正向制动时,反向组晶闸管变流器处于（　　）。

A. 整流工作状态、控制角 $\alpha < 90°$　　　　B. 有源逆变工作状态、控制角 $\alpha > 90°$

C. 整流工作状态、控制角 $\alpha > 90°$　　　　D. 有源逆变工作状态、控制角 $\alpha < 90°$

4. 无环流可逆调速系统除了逻辑无环流可逆系统外,还有（　　）。

A. 控制无环流可逆系统　　　　　　　　　　B. 直接无环流可逆系统

C. 错位无环流可逆系统　　　　　　　　　　D. 错位无环流可逆系统

5. 逻辑无环流可逆调速系统是通过无环流逻辑装置保证系统在任何时刻（　　）,从而实现无环流。

A. 一组晶闸管加正向电压,而另一组晶闸管加反向电压

B. 一组晶闸管加触发脉冲,而另一组晶闸管触发脉冲被封锁

C. 两组晶闸管都加反向电压

D. 两组晶闸管触发脉冲都被封锁

6. 逻辑无环流可逆调速系统中,当转矩极性信号改变极性,并有（　　）时,才允许进行逻辑切换。

A. 零电流信号　　　B. 零电压信号　　　C. 零给定信号　　　D. 零转速信号

7. 逻辑无环流可逆调速系统中无环流逻辑装置中应设有零电流及（　　）电平检测器。

A. 延时判断　　　B. 零电压　　　C. 逻辑判断　　　D. 转矩极性鉴别

三、多选题

1. 晶闸管-电动机可逆直流调速系统的可逆电路形式有(　　)。

A. 两组晶闸管组成反并联连接电枢可逆调速电路

B. 接触器切换电枢可逆调速电路

C. 两组晶闸管组成交叉连接电枢可逆调速电路

D. 两组晶闸管组成磁场可逆调速电路

E. 接触器切换磁场可逆调速电路

2. 晶闸管-电动机直流调速系统直流电动机工作在电动状态时,(　　)。

A. 晶闸管变流器工作在整流工作状态、控制角 $\alpha > 90°$

B. 晶闸管变流器工作在整流工作状态、控制角 $\alpha < 90°$

C. 电磁转矩的方向和转速方向相反

D. 晶闸管变流器工作逆变工作状态、控制角 $\alpha > 90°$

E. 电磁转矩的方向和转速方向相同

3. 电枢反并联可逆调速系统中,当电动机正向制动时,(　　)。

A. 电动机处于发电回馈制动状态

B. 反向组晶闸管变流器处于有源逆变工作状态、控制角 $\alpha > 90°$

C. 正向组晶闸管变流器处于有源逆变工作状态、控制角 $\alpha > 90°$

D. 反向组晶闸管变流器处于有源逆变工作状态、控制角 $\alpha < 90°$

E. 电动机正转

4. 采用两组晶闸管变流器电枢反并联可逆系统的有(　　)。

A. 有环流可逆系统　　　　B. 逻辑无环流可逆系统　　　C. 错位无环流可逆系统

D. 逻辑有环流可逆系统　　E. 错位有环流可逆系统

5. 逻辑无环流可逆调速系统反转过程是由正向制动过程和反向启动过程衔接起来的,在正向制动过程中包括(　　)两个阶段。

A. 本桥逆变　　B. 本桥整流　　C. 它桥制动　　D. 它桥整流　　E. 它桥逆变

6. 可逆直流调速系统对无环流逻辑装置的基本要求是(　　)。

A. 当转矩极性信号改变极性时,允许进行逻辑切换

B. 在任何情况下,绝对不允许同时开放正反两组晶闸管触发脉冲

C. 当转矩极性信号改变极性时,等到有零电流信号后,才允许进行逻辑切换

D. 检测出"零电流信号"再经过"封锁等待时间"延时后才能封锁原工作组晶闸管触发脉冲

E. 检测出"零电流信号"后封锁原工作组晶闸管触发脉冲

7. 逻辑无环流可逆调速系统中,无环流逻辑装置中应设有(　　)电平检测器。

A. 延时判断　　　　B. 零电流检测　　C. 逻辑判断

D. 转矩极性鉴别　　E. 电压判断

第 4 章　直流脉宽调速系统

4.1　不可逆 PWM 变换器

4.1.1　脉宽调制的理论

　　晶闸管变流器构成的直流调速系统中,由于其他路简单、控制灵活、体积小、效率高以及没有旋转噪声和磨损等优点,在一般工业应用中,特别是大功率系统中一直占据着主要的地位。但系统低速运行时,晶闸管的导通角很小,系统的功率因数相应也很低。为克服低速时产生的较大谐波电流,使转矩脉动稳定,提高调速范围等问题,必须加装大电感量的平波电抗器,但电感大又限制了系统的快速性。同时,功率因数低、谐波电流大,还将引起电网电压波形畸变。整流器设备容量大,还将造成所谓的"电力公害",在这种情况下必须增设无功补偿和谐波滤波装置。

　　采用全控型开关元器件很容易实现脉冲宽度调制,与半控型的晶闸管变流器相比,体积可缩小 30％以上,且装置效率高,功率因数高。同时由于开关频率的提高,直流脉冲宽度调制伺服控制系统与 V-M 伺服控制系统相比,电流容易连续,谐波少,电动机损耗和发热都较小,低速性能好,稳速精度高,系统通频带宽,快速响应性能好,动态抗扰能力强。利用脉宽调制提供方波电压、电流,对于同样的电流而言,它比谐振的正弦波传输更多的功率,并可保持低的正向导通损耗。

　　许多工业传动系统都是由公共直流电源或蓄电池供电的。在多数情况下,都要求把固定的直流电源电压变换为不同电压等级,例如地铁列车、无轨电车或由蓄电池供电的机动车辆等,它们都有调速的要求,因此,要把固定电压的直流电源变换为直流电动机电枢用的可变电压的直流电源。脉冲宽度调制(Pulse Width Modulation)变换器向直流电动机供电的系统称为脉冲宽度调制调速控制系统,简称 PWM 调速系统。

　　同 V-M 调速系统相比,PWM 调整系统具有以下优点:

①　脉冲电压的开关频率高,电流容易连续。

②　高次谐波分量少,需要的滤波装置小,甚至只利用电枢电感就已足够,不需外加滤波装置。

③　电动机的损耗较小、发热较少,效率高。

④　调速控制动态响应快。

　　脉宽调制调速控制系统原理图,如图 4-1 所示,全控型开关管 VT 和续流二极管 VD 构成了一个最基本的开关型直流-直流降压变换电路。这种降压变换电路连同其输出滤波电路 LC

被称为 Buck 型 DC/DC 变换器。对开关管 VT 进行周期性的通、断控制，能将直流电源的输入电压 U_s 变换为电压 u_d 输出给负载，图 4-1 是一种输出电压平均值 U_d 可小于或等于输入电压 U_s 的变换器电路。

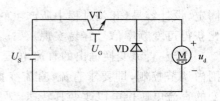

图 4-1　Buck 变换器电路

为了获得各类开关型变换器的基本工作特性而又能简化分析，假定变换器是由理想元器件组成：

开关管 VT 和二极管 VD 从导通变为阻断，或从阻断变为导通的过渡过程时间均为零；开关元器件的通态电阻为零，电压降为零。断态电阻为无限大，漏电流为零；电路中的电感和电容均为无损耗的理想储能元器件；电路阻抗为零。电源输出到变换器的功率 $U_s I_s$ 等于变换器的输出功率即 $U_s I_s = U_d I_d$。

基于以上假设，在一个开关周期 T_s 期间内对开关管 VT 施加图 4-2 所示的驱动信号 U_G，在 T_{on} 期间 $U_G > 0$，开关管 VT 处于通态，在 T_{off} 期间，$U_G = 0$，开关管下于断态，对于开关管 VT 进行高频周期性的通-断控制，开关周期为 T_s，开关频率 $f_s = \dfrac{1}{T_s}$。

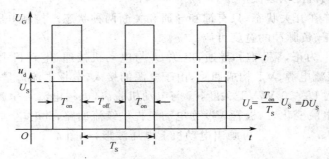

图 4-2　Buck 驱动信号与输出电压波形

开关管导通时间 T_{on} 与周期 T_s 的比值称为开关管导通占空比 D，简称导通比或占空比，$D = \dfrac{T_{on}}{T_s}$，开关管 T 导通时间 $T_{on} = DT_s$。开关管 VT 阻断时间 $T_{off} = T_s - T_{on} = (1-D)T_s$。开关管 VT 导通 T_{on} 期间，直流电源电压 U_s 经开关管 VT 直接输出，电压为 $u_d = U_s$，这时二极管 VD 承受反向电压而截止，$i_D = 0$，电源电流 i_s 经开关管 VT 流入负载。在开关管 VT 阻断的 T_{off} 期间，负载与电源脱离，电流经负载和二极管 VD 续流，二极管 VD 也因此被称为续流二极管。如果 VT 阻断的整个 T_{off} 期间电流经二极管 VD 环流时并未衰减到零，则 T_{off} 期间，二极管 VD 一直导电，变换器输出电压为 $u_d = 0$，如图 4-2 所示为输出电压 u_d 的波形。

改变开关管 VT 在一个开关周期 T_s 中的导通时间 T_{on}，即改变导通占空比 D，可以通过两种方式改变导通占空比 D 来调节或控制输出电压 U_d：

(1) 脉冲宽度调制方式 PWM(Pulse Width Modulation)。保持 T_s 不变（开关频率不变），改变 T_{on}，即改变输出脉冲电压的宽度调控输出电压 U_d。

(2) 脉冲频率调制方式 PFM(Pulse Frequency Modulation)。保持 T_{on} 不变，改变开关频率 f_s 或周期 T_s 调控输出电压 U_d。

实际应用中广泛采用 PWM 方式。因为采用定频 PWM 开关时，输出电压中谐波的频率固定,设计容易,开关过程中所产生的电磁干扰容易控制。此外由控制系统获得可变脉宽信号比获得可变频率信号容易实现。

直流-直流变换输出的直流电压有两类不同的应用领域:一是要求输出电压可在一定范围内调节控制,即要求直流-直流变换输出可变的直流电压,例如负载为直流电动机,要求可变的直流电压供电以改变其转速。另一类负载则要求直流-直流变换输出的电压无论在电源电压变化或负载变化时都能维持恒定不变,即输出一个恒定的直流电压。这两种不同的要求均可通过输出电压的反馈控制原理实现。

不可逆脉宽 PWM 变换器可实现对电动机的单向旋转控制,根据电动机停车时是否需要制动作用,其电路有两种形式,即无制动作用形式和有制动作用形式。

4.1.2 无制动作用的不可逆 PWM 变换器

无制动作用的不可逆 PWM 变换器原理图,如图 4-3 所示。U_S 为直流电压源,通过不可控整流获得,大电容 C 起滤波作用,电力晶体管 VT 是一个高频开关元器件,二极管 VD 用于晶体管关断时为电动机提供续流回路。

晶体管 VT 工作在开关状态,只有饱和导通和关断两种状态。控制电压 U_b 是周期性的脉冲电压,周期不变,正、负脉冲的宽度可调。

当 $0 \leqslant t < T_{on}$,U_b 为正,VT 饱和导通,电源 U_S 与电动机接通,电动机上电压瞬时值 u_{AB} 为 $+U_S$,电枢电流经直流电源、VT 构成回路,由于电源的接入,电枢电流 i_d 呈增大趋势。

当 $T_{on} \leqslant t < T$ 时 $U_b < 0$ V,VT 关断,U_S 与电动机脱离,电枢电流 i_d 呈减小趋势,回路电感产生感应电压阻碍电流变化,二极管 VD 为电动机提供续流回路,此时电动机两端电压等于二极管的导通压降,即 $u_{AB} = 0$ V。可画出电动机上电压波形,如图 4-4 所示。

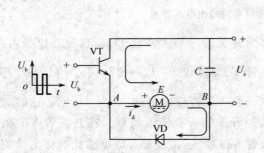

图 4-3 无制动作用的 PWM 变换器

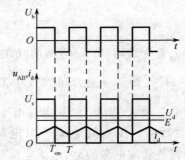

图 4-4 电压与电流波形

电动机两端的平均端电压等于一个周期内瞬时电压的平均值,即

$$U_d = \frac{T_{on}}{T_S} U_S = D U_S$$

由于开关频率较高,电枢电流的实际脉动幅值很小。电动机是有惯性的,电动机的转速和电势 E 变化更小,一般认为不变。电压平均值 U_d、电势 E 和电枢电流 i_d 的波形如图 4-4 所示。

4.1.3 有制动作用的不可逆 PWM 变换器

由一个开关管组成的 PWM 变换电路可以调节直流输出电压,但是输出电压和电流的方向不变,如果负载是直流电动机,电动机只能作单方向电动运行,如果电动机需要快速制动或可逆运行,需要采用桥式 PWM 变换电路。

半桥式电流可逆 PWM 变换电路直流电动机负载的电路,如图 4-5 所示,有制动作用的不可逆 PWM 变换器原理图。

如图 4-5 所示,两个开关元器件 VT_1 和 VT_2 串联组成半桥电路的上下桥臂,两个二极管 VD_1 和 VD_2 与开关管反并联形成续流回路,R、L 包含了电动机的电枢电阻和电感。下面就电动机的电动和制动两种状态进行分析。

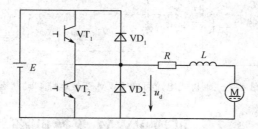

图 4-5 　半桥式电流可逆 PWM 变换电路

1. 电动状态

如图 4-6 所示,在电动机电动工作时,给 VT_1 以 PWM 驱动信号,VT_1 处于开关交替状态,VT_2 处于关断状态。在 VT_1 导通时有电流自电源 $E \rightarrow VT_1 \rightarrow R \rightarrow L \rightarrow$ 电动机,电感 L 储能,在 VT_1 关断时,电感储能经电动机和 VD_2 续流。在电动状态,VT_2 和 VD_1 始终不导通,因此不考虑这两个元器件,图 4-6 电路与降压斩波器相同,工作原理和波形也与降压斩波电动机负载时相同,$U_d = DE$,调节占空比可以调节电动机转速。

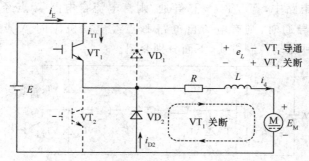

图 4-6 　半桥式电流可逆 PWM 变换电路电动状态

2. 制动状态

如图 4-7 所示,当电动机工作在电动状态时,电动机电动势 $E_M < E$,当电动机由电动转向制动时,就必须使负载侧电压 $U_d > E$,但是在制动时,随转速下降,E_M 只会减小,因此需要使用升压斩波提升电路负载侧电压,使负载侧电压 $U_d > E$。半桥斩波器中若给 VT_2 以 PWM 驱信号,在 VT_2 关断时,电动机反电动势 E_M 和电感电动势 e_L(左 + 、右 −)串联相加,产生电流经 VD_1 将电能输入电源 E。在制动时,VT_1、VD_1 始终在截止状态,因此不考虑这两个元器件,图 4-7 与升压斩波器有相同结构,不同的是现在工作于发电状态的电动机是电源,而原来的电

源 E 成了负载,电流自 E 的正极端注入,工作原理也与升压 PWM 变换电路相同,且 $U_d = \dfrac{E_M}{1-D}$。调节 VT_2 驱动脉冲的占空比 D 可以调节 U_d,控制制动电流。

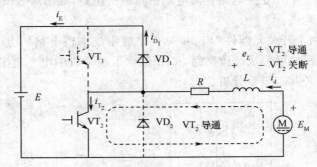

图 4-7   半桥式电流可逆 PWM 变换电路制动状态

4.2   可逆 PWM 变换电路

半桥式 DC-DC 电路所用元器件少,控制方便,但是电动机只能以单方向作电动和制动运行,改变转向要通过改变电动机励磁方向。如果要实现电动机的四象限运行,则需要采用全桥式 DC-DC 可逆 PWM 变换电路。

半桥式 PWM 变换电路电动机只能单向运行和制动,若将两个半桥 PWM 变换电路组合,一个提供负载正向电流,一个提供反向电流,电动机就可以实现正反向可逆运行,两个半桥 PWM 变换电路就组成了全桥式 PWM 变换电路,全桥式斩波也称 H 形 PWM 变换电路,其电路如图 4-8 所示。在电路中,若 VT_1、VT_3 导通,则有电流自电路 A 点经电动机流向 B 点,电动机正转;VT_2、VT_4 导通时,则有电流自电路 B 点经电动机流向 A 点,电动机反转。桥式 PWM 变换电路有三种驱动控制方式,下面分别介绍。

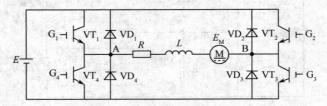

图 4-8   桥式 PWM 变换电路

4.2.1   全桥双极式斩波控制

如图 4-8 所示电路,双极式可逆斩波的控制方式是 VT_1、VT_3 和 VT_2、VT_4 成对作 PWM 控制,并且 VT_1、VT_3 和 VT_2、VT_4 的驱动脉冲工作在互补状态,即在 VT_1、VT_3 导通时,VT_2、VT_4 关断;在 VT_2、VT_4 导通时,VT_1、VT_3 关断,VT_1、VT_3 和 VT_2、VT_4 交替导通和关断。双极式斩波控制有正转和反转两种工作状态、四种工作模式,对应的电压电流波形如图 4-9 所示。

模式 1:如图 4-9(a)所示,t_1 时刻 VT_1、VT_3 同时驱动导通,VT_2、VT_4 关断,电流 i_{d1} 的流向是 $E+ \rightarrow VT_1 \rightarrow R \rightarrow L \rightarrow E_M \rightarrow VT_3 \rightarrow E-$,电感电流增加。$e_L$ 和 E_M 极性,如图 4-10 所示。

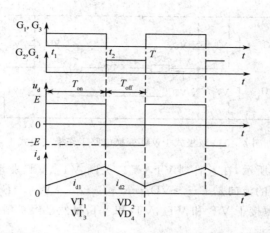

（a）正向电流

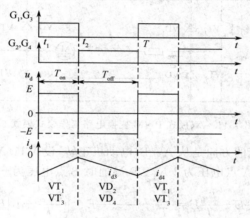

（b）反向电流

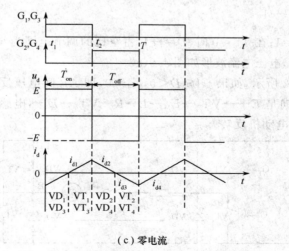

（c）零电流

图 4-9 电动机正反转控制波形

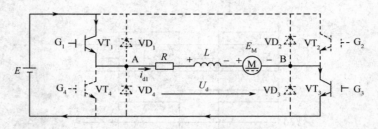

图 4-10　双极式 PWM 变换电路工作模式模式 1

模式 2：如图 4-9(a) 所示，在 t_2 时刻 VT_1、VT_3 关断 VT_2、VT_4 驱动导通，因为电感电流不能立即为 0，这时电流 i_{d2} 的流向是 $E- \rightarrow VD_4 \rightarrow R \rightarrow L \rightarrow E_M \rightarrow VD_2 \rightarrow E+$，电感电流减小。因为电感经 VD_2、VD_4 续流，短接了 VT_2 和 VT_4，VT_2 和 VT_4 虽然已经被触发，但是并不能导通。e_L 和 E_M 极性，如图 4-11 所示。

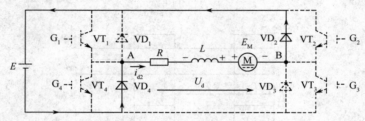

图 4-11　双极式 PWM 变换电路工作模式模式 2

在模式 1 和 2 时，电流的方向是从 $A \rightarrow B$，电动机正转，设 VT_1、VT_3 导通时间为 T_{on}，关断时间为 T_{off} 在 VT_1 导通时 A 点电压为 $+E$，VT_3 导通时 B 点电压为 $-E$，因此 AB 间电压

$$U_d = \frac{T_{on}}{T}E - \frac{T_{off}}{T}E = \frac{T_{on}}{T} - \frac{T-T_{on}}{T}E = \left(\frac{2T_{on}}{T}-1\right)E = DE$$

式中，占空比 $D = \dfrac{2T_{on}}{T}-1$。

在 $T_{on} = T$ 时，$D=1$；在 $T_{on}=0$ 时，$D=-1$，占空比的调节范围为 $-1 \leqslant D \leqslant 1$。在 $0 < D \leqslant 1$ 时，$U_d > 0$ 电动机正转，电压电流波形如图 4-9(a)。

模式 3：如图 4-12 所示，如果 $-1 \leqslant D < 0$，$U_d < 0$，即 AB 间电压反向，在 VT_2、VT_4 被驱动导通后，电流 i_{d3} 的流向是 $E+ \rightarrow VT_2 \rightarrow E_M \rightarrow L \rightarrow R \rightarrow VT_4 \rightarrow E-$，电感电流反向增加，$e_L$ 和 E_M 极性如图 4-12 所示，电动机反转。

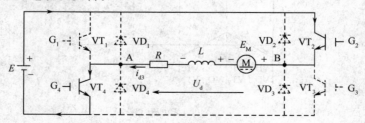

图 4-12　双极式 PWM 变换电路工作模式 3

模式 4 如图 4-13 所示,在电动机反转状态,如果 VT_2、VT_4 关断,电感电流要经 VD_1、VD_3 续流,i_{d4} 的流向是 $E-\longrightarrow VD_3 \longrightarrow E_M \longrightarrow L \longrightarrow R \longrightarrow VD_2 \longrightarrow E+$,电感电流反向减小。

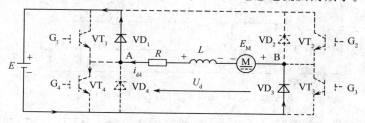

图 4-13 双极式 PWM 变换电路工作模式 4

模式 3 和 4 是电动机反转情况。如果 D 从 1 逐步变化至 -1。则电动机电流 i_d 从正逐步变到负,在这变化过程中电流始终是连续的,这是双极性 PWM 变换电路的特点。即使在 $D=0$,$U_d=0$ 时,电动机也不是完全静止不动,而是在正反电流作用下微振,电路以四种模式交替工作,如图 4-9(c)所示。这种电动机的微振可以加快电动机的正反转响应速率。双极式可逆斩波控制,四个开关元器件都工作在 PWM 方式,在开关频率高时,开关损耗较大,并且上下桥臂两个开关的通断,如果有时差,则容易产生瞬间同时都导通的"直通"现象,一旦发生直通现象,电压 E 将被短路这是很危险的。为了避免直通现象,上下桥臂两个开关导通之间要有一定的时间间隔,即留有一定的"死区"。

4.2.2 全桥单极式斩波控制

单极式可逆斩波控制是在图 4-8 中让 VT_1、VT_3 工作在互反的 PWM 状态,起调压作用,以 VT_2、VT_4 控制电动机的转向。在正转时 VT_3 门极给正信号,始终导通,VT_2 门极给负信号,始终关断;反转时情况相反 VT_2 恒通,VT_3 恒断,这就减小了 VT_2、VT_3 的开关损耗和直通改变发生的可能。单极式斩波控制在正转 VT_1 导通时状态与图 4-10 的模式 1 相同,在反转 VT_4 导通时的工作状态和模式 3 相同。不同点:在 VT_1 或 VT_4 关断时,电感的续流回路模式 2 和模式 4。

在正转 VT_1 关断时,因为 VT_3 恒通,电感 L 产生的感应电流通过 $E_M \to VT_3 \to VD_4$ 形成回路,如图 4-14 所示,电感的能量消耗在电阻上,$u_d=u_{AB}=0$ 在 VD_4 续流时,尽管 VT_4 有驱动信号,但是被导通的 VD_4 短接,VT_4 不会导通。

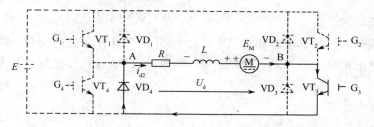

图 4-14 单极式可逆斩波控制正转时模式 1

但是电感续流结束后(负载较小的情况),VD_4 截止,VT_4 就要导通,电动机反电动势 E_M 将通过 VT_4 和 VD_3 形成回路,如图 4-15 所示,电流反向,电动机处于能耗制动阶段,但仍有 $u_d=u_{AB}=0$。

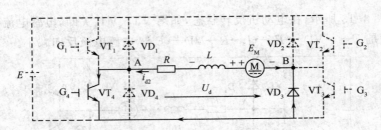

图 4-15 单极式可逆斩波控制正转时模式 2

在一周期结束（即 $t = T$）时，VT_4 关断，电感将经 $VD_1 \rightarrow E \rightarrow VD_3$ 放电，如图 4-16 所示，电动机处于回馈制动状态，$u_d = u_{AB} = E$。

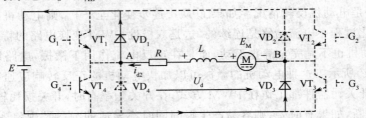

图 4-16 单极式可逆斩波控制正转时模式 3

不管何种情况，一周期中负载电压 u_d 只有正半周，如图 4-14 所示，故称为单极式斩波控制。图 4-17 同时给出了负载较大和较小两种情况的电流波形。

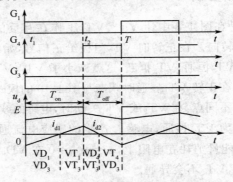

图 4-17 单极式斩波控制波形（正转）

电动机反转时的情况与正转相似，图 4-12 的模式 3 也有类似的变化，读者可自行分析。因为单极式控制正转时 VT_3 恒通，反转时 VT_2 恒通，所以单极式可逆斩波控制的输出平均电压为

$$U_d = \frac{T_{on}}{T} E = DE$$

式中，占空比 $D = \dfrac{T_{on}}{T}$，且 T_{on} 在正转时是 VT_1 导通的时间，在反转时是 VT_4 的导通的时间；在正转时 U_d 为"＋"，反转时 U_d 为"－"。

4.2.3 全桥受限单极式斩波控制

如图 4-8 所示电路,在单极式斩波控制中,正转时 VT_4 导通的时间很小;反转时 VT_1 导通的时间很小,因此可以在正转时使 VT_2、VT_4 恒关断;在反转时使 VT_1、VT_3 恒关断,对电路工作情况影响不大,这就是所谓的受限单极式斩波控制方式。受限单极式控制正转时 VT_1 受 PWM 控制,VT_2 恒通。

受限单极式斩波控制在正转和反转电流连续时的工作状态与单极式控制相同,不同是正转电流较小(轻载)时,没有了反电动势 E_M 经过 VT_4 的通路,因此 i_d 将断续,在断续期间 $u_d = E_M$,因此平均电压 U_d 较电流连续时要抬高,如图 4-18 所示,即电动机轻载时转速提高,机械特性变软。受限单极式无论正转或反转,都只有一只开关管处于 PWM 方式(VT_1 或 VT_4),进一步减小了开关损耗和桥臂直通可能,运行更安全,因此受限单极式斩波控制使用较多。

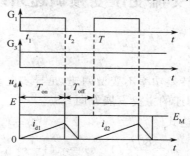

图 4-18 受限单极式斩波控制波形图(正转)

在可逆调速系统中,对电动机的最基本要求是能改变其旋转方向。而要改变电动机的旋转方向,就必须改变电动机电磁转矩的方向。由直流电动机的转矩公式 $T_e = C_e \Phi I_d$ 可知,改变转矩 T_e 的方向有两种方法,一种是改变电动机电枢电流的方向,实际是改变电动机电枢电压的极性;另一种是改变电动机励磁磁通的方向,实际是改变电动机励磁电流的方向。

习 题

1. 什么是 PWM? 什么是 PFM?
2. 同 V-M 调速系统相比,PWM 调整系统具哪些优点?
3. 简述半桥式斩波电路制动时的工作原理。
4. 全桥式斩波电路有哪些控制形式?

第 5 章　变频调速的基本原理及变频器应用

5.1　交流变压变频调速系统原理

5.1.1　恒压频比控制方式

异步电动机的变频调速属转差功率不变型调速,是异步电动机各种调速方案中效率最高、性能最好的调速方法,是交流调速的主要发展方向。

根据异步电动机的转速表达式

$$n = \frac{60 f_1}{p}(1-s) = n_0(1-s) \tag{5-1}$$

式中　f_1——供电频率;

p——磁极对数;

s——转差率。

可知,只要平滑调节异步电动机的供电频率 f_1,就可以平滑调节同步转速 n_0,从而现异步电动机的无级调速,这就是变频调速的基本原理。

由于交流异步电动机的定子电动势

$$E_1 = 4.44 f_1 N_1 K_{N1} \Phi_m \tag{5-2}$$

式中　E_1——定子每相绕组中气隙磁通感应电动势有效值,V;

N_1——定子每相绕组串联匝数;

K_{N1}——基波绕组系数;

Φ_m——每极气隙主磁通量,Wb。

异步电动机的等值电路图如图 5-1 所示。

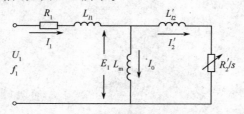

图 5-1　异步电动机稳态等效电路和感应电动势

输入电源角频率与频率关系可表示为：$\omega_1 = 2\pi f_1$。而交流异步电动机的转子电流为

$$I_2' = \frac{E_1}{\sqrt{\left(\dfrac{R_2'}{s}\right)^2 + \omega_1^2 L_{l2}'^2}} \tag{5-3}$$

设电磁功率

$$P_m = 3 I_2'^2 \cdot \frac{R_2'}{s} \tag{5-4}$$

同步机械角转速

$$\omega_{m1} = \frac{\omega_1}{p} = \frac{2\pi f_1}{p} \tag{5-5}$$

可得电磁转矩

$$T_e = \frac{P_m}{\omega_{m1}} = \frac{3p}{\omega_1} \cdot \frac{E_1^2}{\left(\dfrac{R_2'}{s}\right)^2 + \omega_1^2 L_{l2}'^2} \cdot \frac{R_2'}{s} = 3p \left(\frac{E_1}{\omega_1}\right)^2 \frac{s \omega_1 R_2'}{R_2'^2 + s^2 \omega_1^2 L_{l2}'^2} \tag{5-6}$$

从关系可知，若定子每相感应电动势 E_1 不变，则频率 $\omega_1 (2\pi f_1)$ 上升时，主磁通 Φ_m 将下降，于是电磁转矩 T_e 下降，这样电动机的拖动能力会降低；若降低频率 $\omega_1 (2\pi f_1)$，则主磁通 Φ_m 上升，当频率 $\omega_1 (2\pi f_1)$ 小于额定频率时，主磁通 Φ_m 将超过额定值。由于在设计电动机时，主磁通 Φ_m 的额定值一般选择在定子铁心的临界点，所以当在额定频率以下调频时，将会引起主磁通 Φ_m 饱和，这样励磁电流急剧升高，使定子损耗 $I_m^2 R_m$ 急剧增加。这两种情况都是实际运行中所不允许的。为此，在实际调速过程中常采用下列变频控制方式。

5.1.2　基频以下调速的机械特性

图 5-1 中的等效电路图中，在一般情况下，$L_m \gg L_{l1}$，故 $I_1 \approx I_2'$，这相当于忽略铁损和励磁电流。这样，转子电流与输入电压的公式可简化成

$$I_1 \approx I_2' = \frac{U_1}{\sqrt{\left(R_1 + \dfrac{R_2'}{s}\right)^2 + \omega_1^2 (L_{l1} + L_{l2}')^2}} \tag{5-7}$$

此时电磁转矩

$$T_e = \frac{P_m}{\omega_{m1}} = \frac{3p}{\omega_1} I_2'^2 \frac{R_2'}{s} = \frac{3p U_1^2 R_2'/s}{\omega_1 \left[\left(R_1 + \dfrac{R_2'}{s}\right)^2 + \omega_1^2 (L_{l1} + L_{l2}')^2\right]} \tag{5-8}$$

异步电动机在恒压恒频正弦波供电时的机械特性方程 $T_e = f(s)$。当定子电压 U_1 和电源角频率 f_1 恒定时，可以改写成如下形式

$$T_e = 3p \left(\frac{U_1}{\omega_1}\right)^2 \frac{s \omega_1 R_2'}{(s R_1 + R_2')^2 + s^2 \omega_1^2 (L_{l1} + L_{l2}')^2} \tag{5-9}$$

当 s 很小时，可忽略上式分母中含 s 各项，则

$$T_e \approx 3p \left(\frac{U_1}{\omega_1}\right)^2 \frac{s \omega_1}{R_2'} \propto s \tag{5-10}$$

也就是说，当 s 很小时，转矩近似与 s 成正比，机械特性 $T_e = f(s)$ 是一条直线，如图 5-2 所示。

当 s 接近于 1 时,可忽略分母中的 R_2',则

$$T_e \approx 3p\left(\frac{U_1}{\omega_1}\right)^2 \frac{\omega_1 R_2'}{s\left[R_1^2 + \omega_1^2(L_{l1} + L_{l2}')^2\right]} \propto \frac{1}{s} \tag{5-11}$$

即 s 接近于 1 时转矩近似与 s 成反比,$T_e = f(s)$ 是对称于原点的一段双曲线。当 s 为以上两段的中间数值时,机械特性从直线段逐渐过渡到双曲线段,如图 5-2 所示。

要保持转矩不变,当频率 f_1 从额定值 f_{1N} 向下调节时,必须同时降低 E_1,使 $\frac{E_1}{f_1}$＝常数。但绕组中的感应电动势是难以直接控制的,当电动势值较高时,可以忽略定子绕组的漏磁阻抗压降,而认为定子相电压 $U_1 \approx E_1$,则得恒压频比控制 $\frac{U_1}{f_1}$＝常数。

但是,在低频时 U_1 和 E_1 都较小,定子阻抗压降所占的份量就比较显著,不再能忽略。这时,需要人为地把电压 U_1 抬高一些,以便近似地补偿定子压降。带定子压降补偿的恒压频比控制特性,如图 5-3 中的 2 线;无补偿的控制特性如图 5-3 中的 1 线。

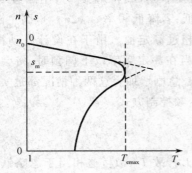

图 5-2　恒压恒频时异步电机的机械特性

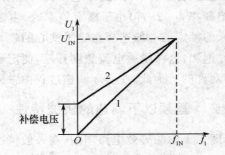

图 5-3　恒压频比控制特性

为了近似地保持气隙磁通不变,以便充分利用电机铁心,发挥电机产生转矩的能力,在基频以下须采用恒压频比控制。这时,同步转速要随频率变化。

$$n_0 = \frac{60\omega_1}{2\pi p} \tag{5-12}$$

带负载时的转速降落为

$$\Delta n = s n_0 = \frac{60}{2\pi p} s \omega_1 \tag{5-13}$$

由式(5-10)所表示的机械特性方程,可以导出

$$s\omega_1 \approx \frac{R_2' T_e}{3p\left(\dfrac{U_1}{\omega_1}\right)^2} \tag{5-14}$$

由此可见,当 $\frac{U_1}{f_1}$ 为恒值时,对于同一转矩 T_e,$s\omega_1$ 是基本不变的,因而 Δn 也是基本不变的。这就是说,在恒压频比的条件下改变频率 f_1 时,机械特性基本上是平行下移,它们和他励直流电动机变压调速时的情况相似。

式(5-8)对 s 求导,并令 $\dfrac{\mathrm{d}T_e}{\mathrm{d}s}=0$,可求出对应于最大转矩时的静差率和最大转矩

$$s_m = \frac{R_2'}{\sqrt{R_1^2 + \omega_1^2(L_{l1}+L_{l2}')^2}} \tag{5-15}$$

$$T_{emax} = \frac{3pU_1^2}{2\omega_1[R_1 + \sqrt{R_1^2 + \omega_1^2(L_{l1}+L_{l2}')^2}]} \tag{5-16}$$

整理可得

$$T_{emax} = \frac{3p}{2}\left(\frac{U_1}{\omega_1}\right)^2 \frac{1}{\dfrac{R_1}{\omega_1} + \sqrt{\left(\dfrac{R_1}{\omega_1}\right)^2 + (L_{l1}+L_{l2}')^2}} \tag{5-17}$$

可见最大转矩 T_{emax} 是随着的频率 f_1 降低而减小的。频率很低时,T_{emax} 太小将限制电机的带载能力,采用定子压降补偿,适当地提高电压 U_s,可以增强带载能力,如图 5-4 所示。

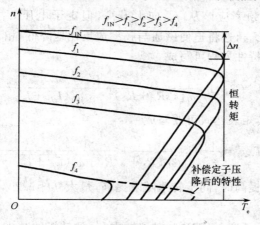

图 5-4　恒压频比控制时变频调速的机械特性

将式(5-6)对 s 求导,并令 $\dfrac{\mathrm{d}T_e}{\mathrm{d}s}=0$,可得恒压频比控制特性在最大转矩时的转差率

$$s_m = \frac{R_2'}{\omega_1 L_{l2}'} \tag{5-18}$$

最大转矩

$$T_{emax} = \frac{3}{2}p\left(\frac{E_1}{\omega_1}\right)^2 \frac{1}{L_{l2}'} \tag{5-19}$$

值得注意的是,在式(5-19)中,当 $\dfrac{E_1}{f_1}$ 为恒值时,T_{emax} 恒定不变,如图 5-5 所示,其稳态性能优于恒 $\dfrac{U_1}{f_1}$ 控制的性能。这正是恒 $\dfrac{U_1}{f_1}$ 控制中补偿定子压降所追求的目标。

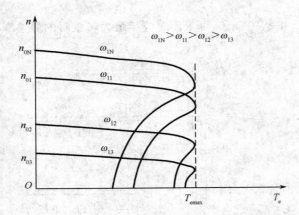

图 5-5   恒电动势频比控制时变频调速的机械特性

5.1.3   基频以上调速的机械特性

在基频以上调速时,频率应该从 f_{1N} 向上升高,但定子电压 U_1 却不可能超过额定电压 U_{1N},最多只能保持 $U_1 = U_{1N}$,这将迫使磁通与频率成反比地降低,相当于直流电动机弱磁升速的情况。式(5-8)的机械特性方程可写成

$$T_e = 3pU_{1N}^2 \frac{sR_2'}{\omega_1 \left[(sR_1 + R_2')^2 + s^2\omega_1^2(L_{l1} + L_{l2}')^2 \right]} \qquad (5\text{-}20)$$

而式(5-16)的最大转矩表达式可改写成

$$T_{emax} = \frac{3}{2}pU_{1N}^2 \frac{1}{\omega_1 \left[R_1 + \sqrt{R_1^2 + \omega_1^2(L_{l1} + L_{l2}')^2} \right]} \qquad (5\text{-}21)$$

由此可见,当角频率提高时,同步转速随之提高,最大转矩减小,机械特性上移,而形状基本不变,如图 5-6 所示。

由于频率提高而电压不变,气隙磁通势必减弱,导致转矩的减小,但转速升高了,可认为输出功率基本不变。所以基频以上变频调速属于弱磁恒功率调速,如图 5-7 所示。如图 5-8 所示为变频调速时的机械特性。

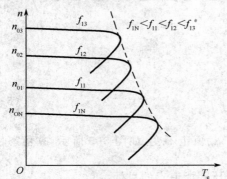

图 5-6   基频以上恒压变频调速的机械特性

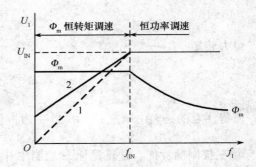

图 5-7   异步电动机变压变频调速的控制特性

注意:以上所分析的机械特性都是在正弦波电压供电下的情况。如果电压源含有谐波,将

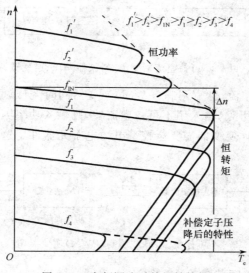

图 5-8　变频调速时的机械特性

使机械特性受到扭曲,并增加电动机中的损耗。因此在设计变频装置时,应尽量减少输出电压中的谐波。

5.2　交-直-交变频电路的主要类型

5.2.1　交-直-交变频电路与交-交变频电路

1. 间接(交-直-交)变压变频装置

交-直-交变频器的主要构成环节,如图 5-9 所示。交-直-交变频器先把交流电转为直流电,经过中间滤波环节后,再把直流电逆变成变频变压的交流电,又称为间接变频器。

按照不同的控制方式,间接变频器分为以下三种情况:

(1)用可控整流器调压、用逆变器调频的交-直-交变压变频装置。

如图 5-10 所示的装置中,调压和调频在两个环节上分别进行,其结构简单,控制方便。由于输入环节采用晶闸管可控整流器,当电压调得较低时,电网端功率因数低,而输出环节采用由晶闸管组成的三相六拍逆变器,每周换相六次,输出谐波较大。这是此类装置的主要缺点。

图 5-9　交-直-交变频器的主要环节　　　图 5-10　可控整流器调压、逆变器调频

(2)用不可控整流器整流、斩波器调压、再用逆变器调频的交-直-交变压变频装置。如图 5-11所示的装置中,输入环节采用不可控整流器,只整流不调压,再增设斩波器进行脉宽直流调压。这样虽然多了一个环节,但输入功率因数提高了,克服了图 5-10 装置功率因数低的缺点。由于输出逆变环节未变,仍有谐波较大的问题。

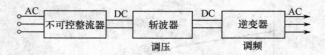

图 5-11   不可控整流器整流、斩波器调压、逆变器调频

（3）用不可控整流器整流、脉宽调制（PWM）逆变器同时调压调频的交-直-交变压变频装置，如图 5-12 所示。由图可见，输入用不可控整流器，则输入功率因数高；用 PWM 逆变，则输出谐波可以减少。但 PWM 逆变器需要全控型电力电子元器件。这是当前最有发展前途的一种装置形式。

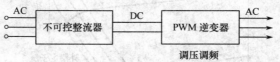

图 5-12   不可控整流、脉宽调制（PWM）逆变器调压调频

2. 直接（交-交）变压变频装置

交-交变频器没有明显的中间滤波环节，交流电被直接变成频率和电压可调的交流电，故又称为直接变频器。直接变频器的主电路由不同的晶闸管整流电路组合而成，在各整流组中，随移相控制角 α 为固定或按正弦规律变化，对应输出的交流电有方波与正弦波两种波形。

单相交-交变频器的主电路，如图 5-13 所示。电路采用正组晶闸管 VF 与反组晶闸管 VR 分别供电，各组所供电压的高低由移相控制角 α 控制。当正组供电时，负载上获得正向电压；当反组供电时，负载上获得反向电压。

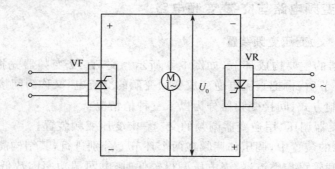

图 5-13   单相交-交变频器的主电路

图 5-13 中负载正组与反组晶闸管整流电路轮流供电，如果在各组开放期间 α 角不变，则输出电压为矩形交流电压，如图 5-14 所示。改变正反组切换频率可以调节输出交流电的频率，而改变 α 的大小即可调节矩形波的幅度，从而调节输出交流电压的大小。方波型交-交变频器很少用于普通的异步电动机调速系统，而常用于无换向器电动机的调速系统及超同步串级调速系统。

正弦波型交-交变频器的主电路与方波型的主电路相同，它可以输出平均值按正弦规律变化的电压，克服了方波型交-交频器输出波形高次谐波成分大的缺点，是一种实用的低频变频器。下面说明获得输出正弦波形的方法。

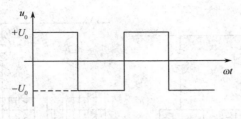

图 5-14　输出方波的变频波形

　　设法使控制角 α 在某个正组整流工作时,由大到小再变大,如为 $0 \to \frac{\pi}{2} \to 0$ 变化,这样必然引起整流输出平均电压由低到高再到低的变化,而在正组逆变工作时,使控制角由小变大再变小,如为 $\frac{\pi}{2} \to 0 \to \frac{\pi}{2}$ 变化,就可以获得平均值可变的负向逆变电压,其输出电压、电流波形,如图 5-15 所示。

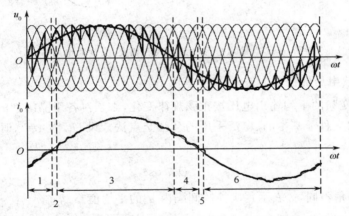

图 5-15　正弦波交-交变频器输出的电压、电流波形

　　正弦波交-交变频器的输出频率可以通过改变正反组的切换频率进行调整,而其输出电压幅度则可以通过改变控制角 α 进行调整。

　　三相交-交变频电路由三组输出电压彼此互差 120°的单相交-交变频电路组成。三相交-交变频器主电路有公共交流母线进线方式和输出星形联结方式,分别用于中、大容量电路中。

　　公共交流母线进线方式:将三组单相输出电压彼此互差 120°的交-交变频器的电源进线接在公共母线上,三个输出端必须相互隔离,也就是必须将电动机的三个绕组拆开,引出六根线,如图 5-16 所示。

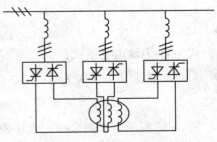

图 5-16　公共交流母线进线三相交-交变频电路(简图)

　　输出星形联结方式:将三组单相输出电压彼此互差 120°的交-交变频器的输出端采取星形联结,电动机的三个绕组也用星形联结,电动机中性点不和变频器中性点接在一起,电动机只引出三根线即可。因为三组的输出联结在一起,其电源进线必须隔离,如图 5-17 所示。

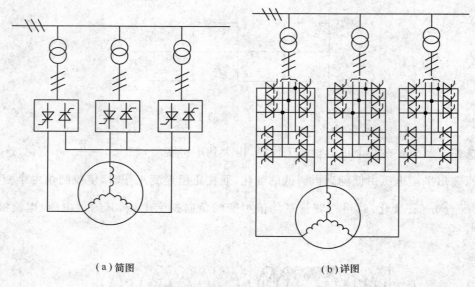

（a）简图　　　　　　　　　　　（b）详图

图 5-17　输出星形联结方式三相交-交变频电路

3. 输出正弦波电压的控制方法

为了使交-交变频的平均输出电压按正弦规律变化,必须对各组晶闸管的触发控制角 α 进行调制。这里介绍一种最基本的、广泛采用的余弦交点法。设 U_{do} 为 $\alpha=0$ 时整流电路的理想空载电压,则有

$$\overline{u_o}=U_{do}\cos\alpha \tag{5-22}$$

每次控制时 α 角不同,$\overline{u_o}$ 表示每次控制间隔内 u_o 的平均值。

期望的正弦波输出电压为

$$u_o=U_{om}\sin\omega_0 t \tag{5-23}$$

比较两式可知

$$\cos\alpha=\frac{U_{om}}{U_{do}}\sin\omega_0 t=\gamma\sin\omega_0 t \tag{5-24}$$

式中,γ 为输出电压比。

余弦交点法基本公式为

$$\alpha=\arccos(\gamma\sin\omega_0 t) \tag{5-25}$$

图 5-18 所示为按照余弦交点法控制的 6 脉波交-交变频在负载功率因数不同时的波形。其中图 5-18(a)图为输出电压和一组可能有的瞬时输出电压;图 5-18(b)图是余弦触发波、控制信号和假设的负载电流。

如图 5-19 所示,为应用余弦交点法的触发脉冲发生器框图及波形。图中,基准电压 u_R 是与理想输出电压 u 成比例且频率、相位都相同的给定电压信号。显然,u_R 为正弦波时,输出电压为正弦波;u_R 为其他波形时,则输出电压为相应的波形。余弦交点法的缺点是容易因干扰

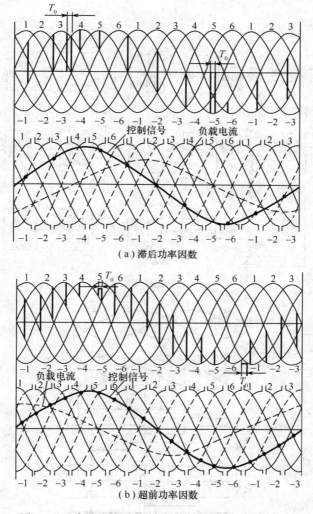

（a）滞后功率因数

（b）超前功率因数

图 5-18　余弦交点法控制的 6 脉波变频器输出波形

而产生误脉冲,在开环控制时因控制电路的不完善,特别是在电流不连续时,会引起电压波形的畸变。

交-交变频器的优点:

(1) 因为是直接变换,没有中间环节,所以比一般的变频器效率高。

(2) 由于其交流输出电压是直接由交流输入电压波的某些包络所构成,因此其输出频率比输入交流电源的频率低得多,输出波形较好。

(3) 由于变频器按电网电压过零自然换相,故可采用普通晶闸管。

(4) 因受电网频率限制,通常输出电压的频率较低,为电网频率的 1/3 左右。

(5) 功率因数较低,特别是在低速运行时更低,需要适当补偿。

交-交变频器主要缺点是:接线较复杂,使用的晶闸管较多,同时受电网频率和变流电路脉冲数的限制,输出频率较低,且采用相控方式,功率因数较低。因此,交-交变频器一般只适

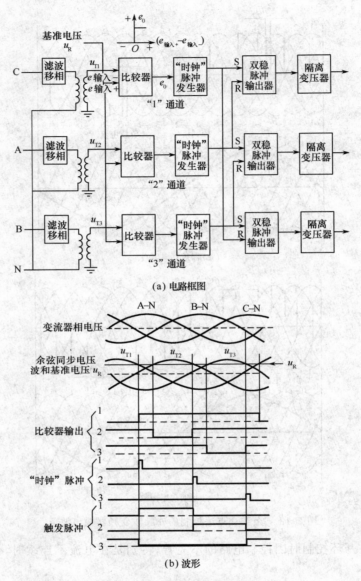

(a) 电路框图

(b) 波形

图 5-19　余弦交点法触发脉冲发生器

用于球磨机、矿井提升机、大型轧钢设备等低速大容量拖动场合。

5.2.2　电压型变频器与电流型变频器

　　根据交-直-交变压变频器的中间滤波环节是采用电容性元器件或是电感性元器件,可以将交-直-交变频器分为电压型变频器和电流型变频器两大类。两类变频器的主要区别在于中间直流环节采用的滤波元器件不同。

　　交-直-交变压变频装置中,当中间直流环节采用大电容滤波时,直流电压波形比较平直,在理想情况下是一个内阻抗为零的恒压源,输出交流电压是矩形或阶梯波,这类变频装置叫做电压型变频器,如图 5-20 所示。一般的交-交变压变频装置虽然没有滤波电容,但供电电源的低阻抗使它具有电压源的性质,它也属于电压型变频器。

当交-直-交变压变频装置的中间直流环节采用电感滤波时,直流电流波形比较平直,因而电源内阻抗很大,对负载来说基本上是一个电流源,输出交流电流是矩形波或阶梯波,这类变频装置称为电流型变频器,如图 5-21 所示。有的交-交变压变频装置用电抗器将输出电流强制变成矩形波或阶梯波,具有电流源的性质,它也属于电流型变频器。

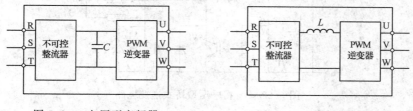

图 5-20　电压型变频器　　　　　图 5-21　电流型变频器

从主电路上看,电压型变频器和电流型变频器的区别在于中间直流环节滤波器的形式不同,但是这样一来,却造成两类变频器性能上存在相当大的差异,主要表现:

(1) 无功能量的缓冲。对于变压变频调速系统来说,变频器的负载是异步电动机,是感性负载,在中间直流环节与电动机之间,除了有功功率的传送外,还存在无功功率的交换。逆变器中的电力电子开关元器件无法储能,无功能量只能靠直流环节中的滤波器的储能元器件来缓冲,使它不致影响到交流电网上去。因此,两类变频器的主要区别在于用什么样的储能元器件来缓冲无功能量。

(2) 回馈制动。用电流型变频器给异步电动机供电的变压变频调速系统,显著特点是实现回馈制动。与此相反,采用电压型变频器的调速系统要实现回馈制动和四象限运行却比较困难,因为其中间直流环节大电容上的电压极性不能反向,所以在原装置上无法实现回馈制动。若确实需要制动时只能采用在直流环节中并联电阻的能耗制动,或者与可控整流器反并联另一组反向整流器,并使其工作在有源逆变状态,以通过反向的制动电流,实现回馈制动。

(3) 调速时的动态响应。由于交-直-交电流型变压变频装置的直流电压可以迅速改变,所以由它供电的调速系统动态响应比较快,而电压型变压变频调速系统的动态响应就慢得多。

(4) 适用范围。电压源型变频器属于恒压源,电压控制响应慢,所以适用于作为多台电动机同步运行时的供电电源,以及不要求快速加减速的场合。电流源型变频器则相反,由于滤波电感的作用,系统对负载变化反应迟缓,不适用于多电动机拖动,更适合于一台变频器给一台电动机供电的单电动机拖动,但可以满足快速启动、制动和可逆运行的要求。

5.3　180°导电型变频器与 120°导电型变频器

5.3.1　180°导电型变频器

三个单相逆变电路可组合成一个三相逆变电路,三相桥式逆变电路可看成由三个半桥逆变电路组成。每桥臂上的开关元器件导电 180°,同一相上下两臂交替导电,各相开始导电的角度差 120°，任一瞬间有三个桥臂同时导通。每次换流都是在同一相上下两臂之间进行，也称为纵向换流。三相电压型逆变电路，如图 5-22 所示。

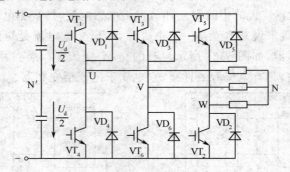

图 5-22　三相电压型桥式逆变电路

三相电压型桥式逆变电路的工作波形，如图 5-23 所示，负载各相到电源中性点 N′ 的电压：U 相，VT_1 通，$u_{UN'} = \dfrac{U_d}{2}$，VT_4 通，$u_{UN'} = -\dfrac{U_d}{2}$；V 相，$VT_3$ 通，$u_{VN'} = \dfrac{U_d}{2}$，VT_6 通，$u_{VN'} = -\dfrac{U_d}{2}$；W 相，$VT_5$ 通，$u_{WN'} = \dfrac{U_d}{2}$，VT_2 通，$u_{WN'} = -\dfrac{U_d}{2}$。

负载线电压

$$\begin{cases} u_{UV} = u_{UN'} - u_{VN'} \\ u_{VW} = u_{VN'} - u_{WN'} \\ u_{WU} = u_{WN'} - u_{UN'} \end{cases} \tag{5-26}$$

负载相电压

$$\begin{cases} u_{UN} = u_{UN'} - u_{NN'} \\ u_{VN} = u_{VN'} - u_{NN'} \\ u_{WN} = u_{WN'} - u_{NN'} \end{cases} \tag{5-27}$$

负载中性点和电源中性点间电压

$$u_{NN'} = \frac{1}{3}(u_{UN'} + u_{VN'} + u_{WN'}) - \frac{1}{3}(u_{UN} + u_{VN} + u_{WN}) \tag{5-28}$$

负载三相对称时有 $u_{UN} + u_{VN} + u_{WN} = 0$，于是

$$u_{NN'} = \frac{1}{3}(u_{UN'} + u_{VN'} + u_{WN'}) \tag{5-29}$$

根据以上分析可绘出 u_{UN}、u_{VN}、u_{WN} 的波形，负载已知时，可由 u_{UN} 波形绘出 i_U 的波形。

三相电压型桥式逆变电路的任一相，上下两桥臂间的换流过程和半桥电路相似，桥臂 1、3、5 的电流相加可得直流侧电流 i_d 的波形，i_d 每 60° 脉动一次（直流电压基本无脉动），因此，逆变器从直流侧向交流侧传送的功率是脉动的，这是电压型逆变电路的一个特点。

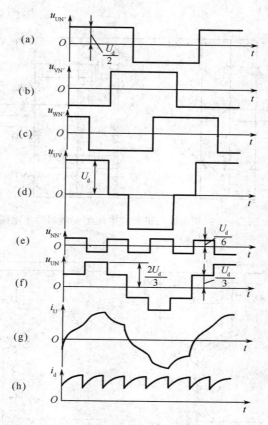

图 5-23　三相电压型桥式逆变电路的工作波形

5.3.2　120°导电型变频器

图 5-24 是一种常用的交-直-交电流型变频器的主电路。其中，整流器采用晶闸管构成的可控整流电路，完成交流到直流的变换，输出可控的直流电压 U_d 实现调压功能；中间直流环节用大电感 L_d 滤波；逆变器采用晶闸管构成的串联二极管式电流型逆变电路，完成直流到交流的变换，并实现输出频率的调节。电路的基本工作方式是 120°导电方式（每个臂一周期内导电 120°）。每时刻上下桥臂组各有一个臂导通，横向换流。

图中 $VT_1 \sim VT_6$ 为晶闸管，$C_1 \sim C_6$ 为换相电容，$VD_1 \sim VD_6$ 为隔离二极管，其作用是使换相电容与负载隔离，防止电容充电电荷的损失。该电路为 120°导电型。现以 Y 接电动机作为负载，假设电动机反电动势在换相过程中保持不变，电流 I_d 恒定，以 VT_1 换相到 VT_4 为例说明换相过程。

1. 换相前的状态

如图 5-25(a)所示，VT_1 及 VT_2 稳定导通，负载电流 I_d 沿着虚线所示途径流通，因负载为 Y 接，只有 A 相和 C 相绕组导通，而 B 相不导通，即 $i_A = I_d$，$i_B = 0$，$i_C = -I_d$。如图 5-24 中的换相电容 C_1 及 C_5 被充电至最大值，极性是左正（＋）右负（－），C_3 上电荷为 0。跨接在 VT_1 和 VT_5 之间的电容是 C_5 与 C_3 串联后再与 C_1 并联的等效电容 C。

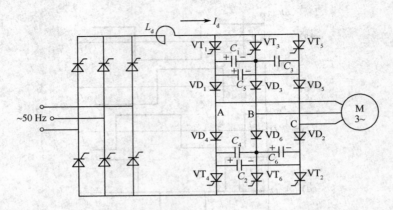

图 5-24 三相串联二极管式电流型变频器的主电路

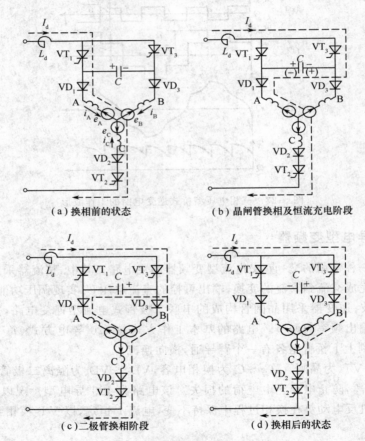

（a）换相前的状态　　　　　（b）晶闸管换相及恒流充电阶段

（c）二极管换相阶段　　　　　（d）换相后的状态

图 5-25 三相串联二极管式电流型逆变器的换相过程

2. 晶闸管换相及恒流充电阶段

　　如图 5-25(b) 所示，触发导通 VT_3，则 C 上的电压立即加到 VT_1 两端，使 VT_1 瞬间关断。I_d 沿着虚线所示途径流动，等效电容 C 先放电至零，再恒流充电，极性为左负（一）右正（＋），

VT_1 在 VT_3 导通后直到 C 放电至零的这段时间 t_0 内一直承受反压,只要 t_0 大于晶闸管的关断时间 t_{off},就能保证有效的关断。当 C 上的充电电压超过负载电压时,二极管 VT_3 将承受正向电压而导通,恒流充电结束。

3. 二极管换相阶段

如图 5-25(c)所示,二极管 VD_3 导通后,开始分流。此时电流 I_d 逐渐由 VD_1 向 VD_3 转移,i_A 逐渐减少,i_B 逐渐增加,当 I_d 全部转移到 VD_3 时,VD_1 关断。

4. 换相后的状态

图 5-25(d)所示,负载电流 I_d 流经路线,如图中虚线所示,此时 B 相和 C 相绕组通电,A 相不通电,$i_A=0$,$i_B=I_d$,$i_C=-I_d$。换相电容的极性保持左负(一)右正(十),为下次换相做准备。

由上述换相过程可知,当负载电流增加时,换相电容充电电压将随之上升,这使换相能力增加。因此,在电源和负载变化时,逆变器工作稳定。但是,由于换相包含了负载的因素,如果控制不好也将导致不稳定。

电流型三相桥式逆变电路输出波形,如图 5-26 所示,输出电流波形和负载性质无关。输出电流和三相桥整流带大电感负载时的交流电流波形相同,谐波分析表达式也相同,输出线电压波形和负载性质有关,大体为正弦波。输出交流电流的基波有效值

$$I_{U1}=\frac{\sqrt{6}}{\pi}I_d=0.78I_d \tag{5-30}$$

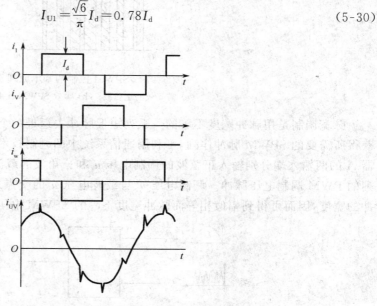

图 5-26 电流型三相桥式逆变电路输出波形

5.4 SPWM 控制方式

5.4.1 SPWM 控制的基本原理

晶闸管交-直-交变频器在运行中存在着变压与变频需要两套可控的晶闸管变换器,开关

元器件多,控制电路复杂,装置庞大;晶闸管可控整流器在低频低压下功率因数太低;逆变器输出的阶梯波形交流谐波成分较大,因此变频器输出转矩的脉动大,影响电动机的稳定工作。

在采样控制理论中有一个重要结论,冲量(窄脉冲的面积)相等而形状不同的窄脉冲加在具有惯性的环节上时,其效果基本相同。如图 5-27(a)所示,将正弦半波分成 N 等份,即把正弦半波看成由 N 个彼此相连的脉冲所组成。这些脉冲宽度相等(均为 $\frac{1}{N}$),但幅值不等,其幅值是按正弦规律变化的曲线。把每一等份分的正弦曲线与横轴所包围的面积都用一个与此面积相等的等高矩形脉冲来代替,矩形脉冲的中点与正弦脉冲的中点重合,且使各矩形脉冲面积与相应各正弦部分面积相等,得到如图 5-27(b)所示的脉冲序列。根据上述冲量相等,效果相同的原理,该矩形脉冲序列与正弦半波是等效的。同样,正弦波的负半周也可用相同的方法与一系列负脉冲等效。

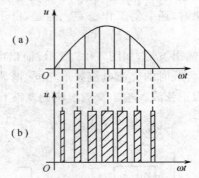

图 5-27　SPWM 控制的基本原理

(a) 需等效的正弦波;(b) 等效 SPWM 波形

脉宽调制是用脉冲宽度不等的一系列矩形脉冲去逼近一个所需要的电压或电流信号。要获得所需要的 SPWM 脉冲序列,可利用通信系统中的调制技术。如图 5-28 所示,在电压比较器 A 的两输入端分别输入正弦波的调制电压 u_c 和三角波的载波电压 u_r,其输出端便得到一系列的 PWM 调制电压脉冲。调制电压 u_c 与载波电压 u_r 的交点之间的距离决定了输出电压脉冲的宽度,因而可得到幅值相等而脉冲宽度不等的 SPWM 电压信号 u_o。

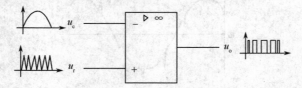

图 5-28　获得所需要的 SPWM 脉冲序列

SPWM 变频器基本上解决了常规阶梯波变频器中存在的问题,为近代交流调速开辟了新的发展领域,目前 SPWM 控制方式,已成为现代变频器产品的主导设计方式。SPWM 型变频器的主要特点是:

① 主电路只有一个可控的功率环节,开关元器件少,控制电路结构得以简化;

② 整流侧使用了不可控整流器,电网功率因数与逆变器输出电压无关,其值接近于 1;

③ VVVF 在同一环节实现,与中间储能元器件无关,变频器的动态响应快;

④ 通过对 SPWM 控制方式的控制,能有效地抑制或消除低次谐波,实现接近正弦形的输出交流电压波形。

5.4.2　单相 SPWM 逆变电路

单相 SPWM 变频电路就是输出为单相电压时的电路。原理如图 5-29 所示。图中当调制信号 u_r 在正半周时载波信号 u_c 为正极性的三角波,同理调制信号 u_r 在负半周时载波信号 u_c 为负极性的三角波,调制信号 u_r 和载波 u_c 的交点,时刻控制变频电路中大功率晶体管的通断。各晶体管的控制规律如下:

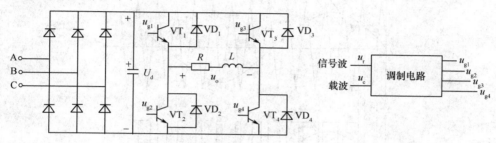

图 5-29　单极性 SPWM 控制方式原理图

在 u_r 的正半周,保持 VT$_1$ 导通,VT$_4$ 交替通断。当 $u_r > u_c$ 时,使 VT$_4$ 导通,负载电压 $u_o = U_d$;当 $u_r \leq u_c$ 时,使 VT$_4$ 关断,由于电感负载中电流不能突变,负载电流将通过 VD$_3$ 续流,负载电压 $u_o = 0$。

在 u_r 的负半周,保持 VT$_2$ 导通,VT$_3$ 交替通断。当 $u_r < u_c$ 时,使 VT$_3$ 导通,负载电压 $u_o = -U_d$;当 $u_r \geq u_c$ 时,使 VT$_3$ 关断,负载电流将通过 VD$_4$ 续流,负载电压 $u_o = 0$。

这样,便得到 u_o 的 SPWM 波形,如图 5-30 所示,该图中 u_{o1} 表示 u_o 中的基波分量。像这种在 u_r 的半个周期内三角波只在一个方向变化,所得到的 SPWM 波形也只在一个方向变化的控制方式称为单极性 PWM 控制方式。

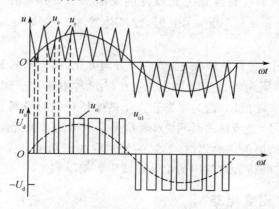

图 5-30　单极性 SPWM 控制方式原理图

显然,当变频器各开关元器件工作在理想状态下时,驱动相应开关元器件的信号也应为

图 5-30 形状相似的一系列脉冲波形。由于各脉冲的幅值相等,所以逆变器可由恒定的直流电源供电,即变频器中的变流器采用不可控的二极管整流器就可以了。

采用 SPWM 的显著优点:由于电动机的绕组具有电感性,因此,尽管电压是由一系列的脉冲构成的,但通入电动机的电流却十分逼近正弦波。

与单极性 PWM 控制方式对应,另外一种 PWM 控制方式称为双极性 PWM 控制方式。其载波信号还是三角波,基准信号是正弦波时,它与单极性正弦波脉宽调制的不同之处在于它们的极性随时间不断地正、负变化,如图 5-31 所示,不需要如上述单极性调制那样加倒向控制信号。

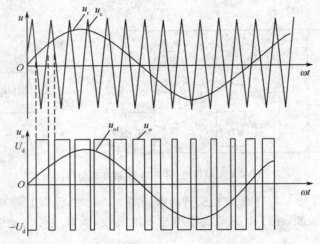

图 5-31　双极性 PWM 控制方式原理图

单相桥式变频电路采用双极性控制方式时的 PWM 波形,如图 5-30 所示,各晶体管控制规律如下:

在 u_r 的正负半周内,对各晶体管控制规律与单极性控制规律相同,同样在调制信号 u_r 和载波信号 u_c 的交点,时刻控制各开关元器件的通断。当 $u_r > u_c$ 时,使晶体管 VT$_1$、VT$_4$ 导通,VT$_2$、VT$_3$ 关断,此时 $u_o = U_d$;当 $u_r < u_c$ 时,使晶体管 VT$_2$、VT$_3$ 导通,VT$_1$、VT$_4$ 关断,此时 $u_o = -U_d$。

在双极性控制方式中,三角载波在正、负两个方向变化,所得到的 PWM 波形也在正、负两个方向变化,在 u_r 的一个周期内,PWM 输出只有 $\pm U_d$ 两种电平,变频电路同一相,上下两臂的驱动信号是互补的。在实际应用时,为了防止上下两个桥臂同时导通而造成短路,在给一个臂的开关元器件加关断信号,必须延迟时间 Δt,再给另一个臂的开关元器件施加导通信号,即有一段四个晶体管都关断的时间。延迟时间 Δt 的长短取决于功率开关元器件的关断时间。需要指出的是,这个延迟时间将会给输出的 PWM 波形带来不利影响,使其输出偏离正弦波。

5.4.3　三相 SPWM 逆变电路

图 5-32 是 SPWM 型逆变电路中,使用最多的三相桥式 SPWM 逆变电路,被广泛应用在异步电动机变频调速中。它由六只电力晶体管 VT$_1$~VT$_6$(也可以采用其他快速功率开关元

器件)和六只快速续流二极管 $VD_1 \sim VD_6$ 组成。其控制方式为双极性方式。A、B、C 三相的
SPWM 控制共用一个三角波信号 u_c，三相调制信号 u_{rA}、u_{rB}、u_{rC} 分别为三相正弦波信号，三相
调制信号的幅值和频率均相等，相位依次相差 120°。A、B、C 三相的 PWM 控制规律相同。现
以 A 相为例，当 $u_{rA} > u_c$ 时，使 VT_1 导通，VT_4 关断；当 $u_{rA} < u_c$ 时，使 VT_1 关断，VT_4 导通。
VT_1、VT_4 的驱动信号始终互补。三相正弦波脉宽调制波形，如图 5-33 所示。由图可知，任何
时刻始终都有两相调制信号电压大于载波信号电压，即总有两个晶体管处于导通状态，所以负
载上的电压是连续的正弦波。其余两相的控制规律与 A 相相同。

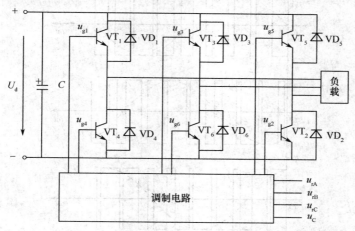

图 5-32　三相桥式 SPWM 变频电路

可以看出，在双极性控制方式中，同一相，上下两臂的驱动信号都是互补的。但实际上为
了防止上下两臂直通而造成短路，再给一个臂加关断信号后，再延迟一小段时间，才给另一个
臂加导通信号。延迟时间主要由功率开关的关断时间决定。

三相桥式 SPWM 逆变器也是靠同时改变三相参考信号 u_{rA}、u_{rB}、u_{rC} 的调制周期来改变输
出电压频率，改变三相参考信号的幅度即改变输出电压的大小，如图 5-33 所示。SPWM 逆变
器用于异步电动机变频调速时，为了维持电动机气隙磁通恒定，输出频率和电压大小必须进行
协调控制，即改变三相参考信号调制周期的同时必须相应地改变其幅值。

SPWM 逆变器的同步调制和异步调制有一个重要参数——载波比 N，它被定义为载波频
率 f_c 与调制波频率 f_r 之比，即

$$N = \frac{f_c}{f_r} \tag{5-31}$$

在改变 f_r 的同时成正比地改变 f_c，使载波比 $N =$ 常数，就称为同步调制方式。采用同步
调制的优点是：可以保证输出电压半波内的矩形脉冲数是固定不变的，如果取载波比等于 3 的
数，则同步调制能保证输出波形的正、负半波始终保持对称，并能严格保证三相输出波形之间
具有互差 120° 的对称关系。但是，当输出频率很低时，由于相邻两脉冲的间距增大，谐波会显
著增加，使负载电动机产生较大的脉动转矩和较强的噪声，这是同步调制方式在低频控制时的
主要缺点。

采用异步调制方式是为了消除上述同步调制的缺点。在异步调制中，在变频器的整个变

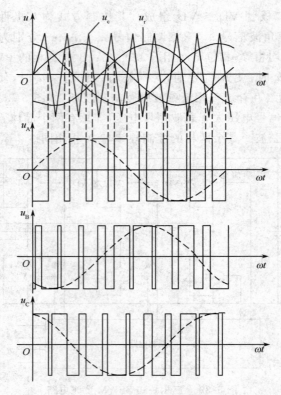

图 5-33　三相双极性 PWM 波形

范围内,载波比 N 不等于常数。一般在保持载波频率 f_c 不变的情况下改变调制波频率 f_r,从而提高了低频时的载波比。这样,输出电压半波内的矩形脉冲数可随输出频率的降低而增加,相应地可减少负载电动机的转矩脉动与噪声,改善了系统的低频工作性能。但异步调制在改善低频工作性能的同时,又失去了同步调制的优点。当载波比随着输出频率的变化而连续变化时,它不可能总是 3 的倍数,必将使输出电压波形及其相位都发生变化,难以维持三相输出的对称性,因而引起电动机工作不平稳。

　　为了取长避短,可将同步调制和异步调制结合起来,成为分段同步调制方式,即在一定范围内采用同步调制,以保持输出波形对称的优点,当频率降低较多时,可使载波比分段有级地加大,以采纳异步调制的长处,这就是分段同步调制方式。具体地说,把整个变频分成若干频段,每个频段内都维持载波比恒定,而对不同的频段取不同的载波比数值,低频时,载波比数值取大些,一般按等比级数选取。

5.5　通用变频器组成与分类

5.5.1　通用变频器组成

　　现代通用变频器大都是采用二极管整流和由快速全控开关元器件 IGBT 或功率模块 IPM 组成的 PWM 逆变器,构成交-直-交电压源型变压变频器,已经占领了全世界 $0.5\sim$

500 kV·A的中、小容量变频调速装置的绝大部分市场。

所谓"通用",包含着两方面的含义:表示可以和通用的鼠笼式异步电动机配套使用;同时具有多种可供选择的功能,适用于各种不同性质的负载。

典型的数字控制通用变频器-异步电动机调速系统原理图,如图 5-34 所示。

主电路——由二极管整流器 UR、PWM 逆变器 UI 和中间直流电路三部分组成,一般都是电压源型的,采用电容 C 滤波,同时兼有无功功率交换的功能。

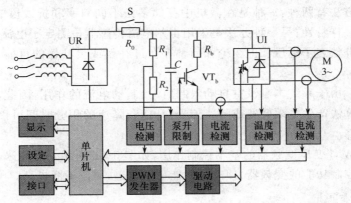

图 5-34　典型的数字控制通用变频器-异步电动机调速系统原理图

限流电阻——为了避免电容 C 在加电瞬间产生过大的充电电流,在整流器和滤波电容间的直流回路上串入限流电阻(或电抗),加电时,先限制充电电流,再延时用开关 S 将限流电阻短路,以免长期接入时影响变频器的正常工作,并产生附加损耗。

泵升限制电路——由于二极管整流器不能为异步电机的再生制动提供反向电流的通路,所以除特殊情况外,通用变频器一般都用电阻吸收制动能量。减速制动时,异步电机进入发电状态,首先通过逆变器的续流二极管向电容 C 充电,当中间直流回路的电压(通称泵升电压)升高到一定的限制值时,通过泵升限制电路使开关元器件导通,将电机释放的动能消耗在制动电阻上。为了便于散热,制动电阻器常作为附件单独装在变频器机箱外边。

进线电抗器——二极管整流器虽然是全波整流装置,但由于其输出端有滤波电容存在,因此输入电流呈脉冲波形,这样的电流波形具有较大的谐波分量,使电源受到污染。为了抑制谐波电流,对于容量较大的 PWM 变频器,都应在输入端设有进线电抗器,有时也可以在整流器和电容器之间串接直流电抗器。还可用来抑制电源电压不平衡对变频器的影响。

控制电路——现代 PWM 变频器的控制电路大都是以微处理器为核心的数字电路,其功能主要是接受各种设定信息和指令,再根据它们的要求形成驱动逆变器工作的 PWM 信号,再根据它们的要求形成驱动逆变器工作的 PWM 信号。微机芯片主要采用 8 位或 16 位的单片机,或用 32 位的 DSP,现在已有应用 RISC 的产品出现。

PWM 信号产生——可以由微机本身的软件产生,由 PWM 端口输出,也可采用专用的 PWM 生成电路芯片。

检测与保护电路——各种故障的保护由电压、电流、温度等检测信号经信号处理电路进行分压、光电隔离、滤波、放大等综合处理,再由 A/D 转换器,输入给 CPU 作为控制算法的依据,或者作为开关电平产生保护信号和显示信号。

信号设定——需要设定的控制信息主要有：U/f 特性、工作频率、频率升高时间、频率下降时间等，还可以有一系列特殊功能的设定。由于通用变频器-异步电动机系统是转速或频率开环、恒压频比控制系统，低频时，或负载的性质和大小不同时，都得靠改变 U/f 函数发生器的特性来补偿，使系统达到恒定，甚至恒定的功能，在通用产品中称作"电压补偿"或"转矩补偿"。

实现补偿的方法有两种：一种是在微机中存储多条不同斜率和折线段的 U/f 函数，由用户根据需要选择最佳特性；另一种办法是采用霍尔电流传感器检测定子电流或直流回路电流，按电流大小自动补偿定子电压。但无论如何都存在过补偿或欠补偿的可能，这是开环控制系统的不足之处。

给定积分——由于系统本身没有自动限制启动、制动电流的作用，因此，频定设定信号必须通过给定积分算法产生平缓升速或降速信号，升速和降速的积分时间可以根据负载需要由操作人员分别选择。

综上所述，PWM 变压变频器的基本控制作用，如图 5-35 所示。近年来，许多企业不断推出具有更多自动控制功能的变频器，使产品性能更加完善，质量不断提高。

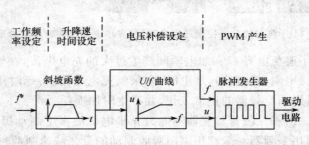

图 5-35 PWM 变压变频器的基本控制作用

5.5.2 变频器的分类

变频器是应用变频技术制造的一种静止的频率变换器，其功用是利用半导体元器件的通断作用将频率固定（通常为工频 50 Hz）的交流电（三相或单相）变换成频率连续可调（多数为 0～50 Hz）的交流电源。

如图 5-36 所示，变频器的输入端（R、S、T）接至频率固定的三相交流电源，输出端（U、V、W）输出的是频率在一定范围内连续可调的三相交流电，接至电动机。

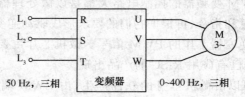

图 5-36 变频器基本接线

变频器的种类很多，分类方法也有多种。

1. 按电压的调制方式分类

PAM（脉幅调制）——变频器输出电压的大小通过改变直流电的大小来进行调制。在中小容量变频器中，这种方式几乎已经绝迹。

PWM（脉宽调制）——变频器输出电压的大小通过改变输出脉冲的占空比来进行调制。目前普遍应用的是占空比按正弦规律变化的脉宽调制（SPWM）方法。

2. 按工作原理分类

U/f 控制的变频器——U/f 控制的基本特点是对变频器输出的电压和频率同时进行控制，通过使 U/f（电压和频率的比）的值保持一定而得到所需的转矩特性。采用 U/f 控制的变频器控制电路结构简单，成本低，多用于对精度要求不高的通用变频器。

转差频率控制变频器——转差频率控制方式是对 U/f 控制的一种改进，这种控制需要由安装在电动机上速度传感器检测出电动机的转速，构成速度闭环，速度调节器的输出为转差频率，而变频器的输出频率则由电动机的实际转速与所需转差频率之和决定。由于通过控制转差频率来控制转矩的电流，与 U/f 控制相比，其加减速特性和限制过电流的能力得到提高。

矢量控制变频器——矢量控制是一种高性能异步电动机控制方式。它的控制方式是将异步电动机的定子电流分为产生磁场的电流分量（励磁电流）和与其垂直的产生转矩的电流分量（转矩电流），分别加以控制。由于在这种控制方式中必须同时控制异步电动机定子电流的幅值和相位，即定子电流的矢量，这种控制方式被称为矢量控制方式。

直接转矩控制变频器——直接转矩控制是交流传动中革命性的电动机控制方式，不要在电动机的转轴上安装脉冲编码器来反馈转子的位置，而具有精确转速和转矩，能在零速时产生满载转矩，电路中的 PWM 调制器不需要分开电压控制和频率控制，具有这种功能的变频器称为直接转矩控制变频器。

3. 按用途分类

通用变频器——通常指没有特殊功能、要求不高的变频器。由于分类的界限不很分明，因此，绝大多数变频器都可归于这一类中。

风机、水泵用变频器——其主要特点是过载能力较低，具有闭环控制 PID 调节功能，并具有"一控多"的切换功能。

高性能变频器——通常指具有矢量控制、并能进行四象限运行的变频器，主要用于对机械特性和动态响应要求较高的场合。

具有电源再生功能的变频器——当变频器中直流母线上的再生电压过高时，能将直流电源逆变成三相交流电反馈给电网，这种变频器主要用于电动机长时间处于再生状态的场合，如起重机械的吊钩电动机等。

其他专业变频器——如电梯专业变频器、纺织专业变频器、张力控制专业变频器、中频变频器等。

4. 按变换环节分类

交-交变频器——把频率固定的交流电源直接变换成频率连续可调的交流电源。其主要优点是没有中间环节，变频效率高，但其连续可调的频率范围窄，一般为额定频率的 1/2 以下。主要用于容量大、低速的场合。

交-直-交变频器——先把频率固定的交流电变成直流电,再把直流电逆变成频率可调的三相交流电。在此类装置中,若用不可控整流电路,则输入功率因数不变;若用 PWM 逆变,则输出谐波减小。

PWM 逆变器需要全控式电力电子元器件,其输出谐波减小的程度取决于 PWM 的开关频率,而开关频率则受元器件开关时间的限制。

采用 P-MOSFET 或 IGBT 时,开关频率可达 20 kHz,输出波形已经非常接近正弦波,因而又称为正弦脉宽调制(SPWM)逆变器由于把直流电逆变成交流电的环节较易控制,因此,这种交-直-交变频器在频率的调节范围,以及改善变频后电动机的特性等方面都具有明显的优势。目前迅速普及应用的主要是这种变频器。

5. 按直流环节的储能方式分类

电压源型变频器——在交-直-交变频器装置中,当中间直流环节采用大电容滤波时,直流电压波形比较平直,在理想情况下,这种变频器是一个内阻为零的恒压源,输出交流电压波形是矩形波或阶梯波,这类变频装置叫做电压源型变频器,如图 5-37 所示。

电流源型变频器——当交-直-交变频器装置中的中间直流环节采用电感滤波时,输出交流电流是矩形波或阶梯波,这类变频装置称为电流源型变频器,如图 5-38 所示。

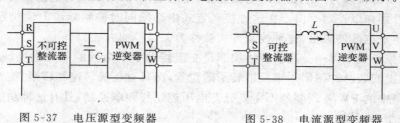

图 5-37 电压源型变频器　　　　图 5-38 电流源型变频器

5.6 变频器的选择方法与容量计算方法

5.6.1 变频器的选择方法

因电力拖动系统的稳态工作情况取决于电动机和负载的机械特性,不同负载的机械特性和性能要求是不同的。故在选择变频器时,首先要了解负载的机械特性。

1. 对恒转矩负载变频器的选择

在工矿企业中应用比较广泛的带式输送机、桥式起重机等都属于恒转矩负载类型,如图 5-39所示。传送带的负载力矩为:传动带与滚筒间的摩擦力 F 和滚筒的半径r 的乘积,即

$$T_L = Fr \qquad (5-32)$$

由于摩擦力 F 和半径 r 都与转速的快慢无关,所以在调节转速 n_L 的过程中,转矩保持不变,即具有恒转矩的特点。提升类负载也属于恒转矩负载类型,其特殊之处在于正转和反转时有着相同方向的转矩。

图 5-39 带式输送机

（1）恒转矩负载及其特性。

① 转矩特点。在不同的转速下，负载的转矩基本恒定：

$$T_L = 常数 \qquad\qquad (5\text{-}33)$$

即负载转矩的大小与转速的大小无关，其机械特性曲线如图 5-40（a）所示。

② 功率特点。负载的功率 P_L（单位 kW）、转矩 T_L（单位 N·m），与转速 n_L 之间的关系：

$$P_L = \frac{T_L n_L}{9\,550} \qquad\qquad (5\text{-}34)$$

即，负载功率与转速成正比，其功率曲线如图 5-40（b）所示。

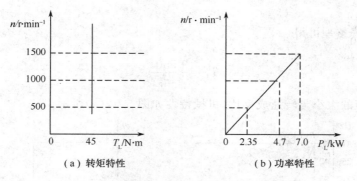

（a）转矩特性　　　　　　　（b）功率特性

图 5-40　恒转矩负载的转矩特性与功率特性

（2）变频器的选择。在选择变频器类型时，需要考虑的因素有以下几个。

① 调速范围。在调速范围不大、对机械特性的硬度要求也不高的情况下，可考虑选择较为简易的只有 U/f 控制方式的变频器，或无反馈的矢量控制方式。当调速范围很大时，应考虑采用有反馈的矢量控制方式。

② 负载转矩的变动范围。对于转矩变动范围不大的负载，首先应考虑选择较为简易的只有 U/f 控制方式的变频器。但对于转矩变动范围较大的负载，由于 U/f 控制方式不能同时满足重载与轻载时的要求，故不宜采用 U/f 的控制方式。

③ 负载对机械特性的要求。如负载对机械特性要求不很高，则可考虑选择较为简易的只有 U/f 控制方式的变频器，而在要求较高的场合，则必须采用矢量控制方式。如果负载对动态响应性能也有较高要求，还应考虑采用有反馈的矢量控制方式。

2. 对恒功率负载变频器的选择

各种卷取机械是恒功率负载类型，如造纸机械、各种薄膜的卷取机械，如图 5-41 所示。

其工作特点：随着"薄膜卷"的卷径不断增大，卷取辊的转速应逐渐减小，以保持薄膜的线速度恒定，从而也保持了张力的恒定。

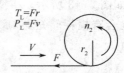

图 5-41　薄膜的卷取机械

其负载转矩的大小:卷取物的张力 F 与卷取物的卷取半径 r 的乘积,即

$$T_L = Fr \qquad (5-35)$$

随着卷取物不断地卷绕到卷取辊上,r 将越来越大,由于具有以上特点,因此在卷取过程中,拖动系统的功率是恒定的,随着卷绕过程的不断进行,被卷物的直径不断加大,负载转矩也不断加大。

(1) 恒功率负载及其特性。

① 功率特点。在不同的转速下,负载的功率基本恒定,有

$$P_L = 常数 \qquad (5-36)$$

即,负载功率的大小与转速的高低无关,其功率特性曲线,如图 5-42(b)所示。

② 转矩特点。

由 $P_L = \dfrac{T_L n_L}{9\ 550}$ 整理可得

$$T_L = \frac{9\ 550 P_L}{n_L} \qquad (5-37)$$

即,负载转矩的大小与转速成反比,机械特性如图 5-42(a)所示。

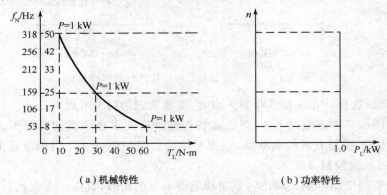

（a）机械特性　　　　　　　　　　（b）功率特性

图 5-42　恒功率负载的转矩特性与功率特性

(2) 变频器的选择。

变频器可选择通用型的,采用 U/f 控制方式已经足够。但对动态性能有较高要求的卷取机械,则必须采用具有矢量控制功能的变频器。

3. 对二次方律负载变频器的选择

离心式风机和水泵都属于典型的二次方律负载。以风扇叶为例,如图 5-43 所示。事实上,即使在空载的情况下,电动机的输出轴上也会有损耗转矩,如摩擦转矩等。因此,严格地讲,其转矩表达式应为

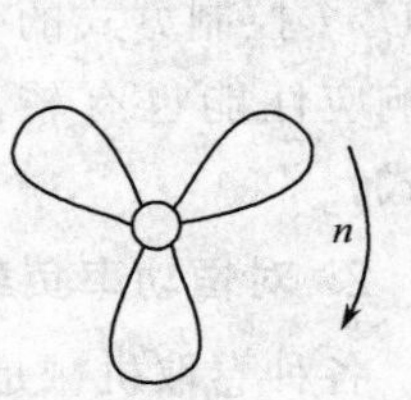

图 5-43　风扇叶片

$$T_L = T_0 + K_T n_L^2 \qquad (5-38)$$

功率表达式为

$$P_L = P_0 + K_T n_L^3 \tag{5-39}$$

（1）二次方律负载及其特性。

① 转矩特点。负载的转矩 T_L 与转速 n_L 的二次方成正比，即

$$T_L = K_T n_L^2 \tag{5-40}$$

其机械特性曲线如图 5-44(a)所示。

② 功率特点。将上式 $T_L = K_T n_L^2$ 代入 $P_L = \dfrac{T_L n_L}{9\,550}$ 中，整理可得负载的功率 P_L 与转速 n_L 的三次方成正比，即

$$P_L = \frac{K_T n_L^2 n_L}{9\,550} = K_P n_L^3 \tag{5-41}$$

式中　K_P——二次方律负载的功率常数。

其功率特性曲线，如图 5-44(b)所示。

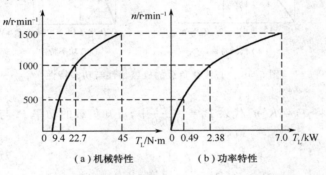

（a）机械特性　　　　（b）功率特性

图 5-44　二次方律负载的机械特性与功率特性

（2）变频器的选择。大部分生产变频器的工厂都提供了"风机、水泵用变频器"，可以选用。其主要特点是：

① 风机和水泵一般不容易过载，所以，这类变频器的过载能力较低。其为 120％，1 min（通用变频器为 150％，1 min）。因此在进行功能预置时必须注意。由于负载转矩与转速的平方成正比，当工作频率高于额定频率时，负载转矩有可能大大超过变频器额定转矩，使电动机过载。所以，其最高工作频率不得超过额定频率。

② 配置了进行多台控制的切换功能。

③ 配置了一些其他专用的控制功能，如"睡眠"与"唤醒"功能、PID 调节功能。

4. 对直线律负载变频器的选择

轧钢机和辗压机等都是直线负载。辗压机示意图，如图 5-45 所示。负载转矩的大小决定于：辗压辊与工件间的摩擦力 F 与辗压辊的半径 r 的乘积，即

$$T_L = Fr \tag{5-42}$$

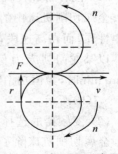

图 5-45　辗压机示意图

在工件厚度相同的情况下,要使工件的线速度 v 加快,必须同时加大上下辗压辊间的压力从而加大摩擦力 F,即摩擦力与线速度 v 成正比,故负载的转矩与转速成正比。

直线律负载及其特性。

① 转矩特点。负载阻转矩与转速成正比,即

$$T_{\rm L}=K'_T n_{\rm L} \tag{5-43}$$

其机械特性曲线,如图 5-46(a)所示。

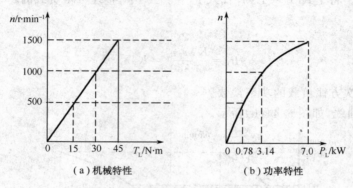

图 5-46　直线律负载的机械特性与功率特性

② 功率特点。将 $T_{\rm L}=K'_T n_{\rm L}$ 代入 $P_{\rm L}=\dfrac{T_{\rm L} n_{\rm L}}{9\,550}$ 中,可知负载的功率 $P_{\rm L}$ 与转速 $n_{\rm L}$ 的二次方成正比

$$P_{\rm L}=\frac{K'_T n_{\rm L} n_{\rm L}}{9\,550}=K'_T n_{\rm L}^2 \tag{5-44}$$

其功率特性曲线,如图 5-46(b)所示。

直线律负载的机械特性虽然也有典型意义,但在考虑变频器时的基本要点与二次方律负载相同,故不作为典型负载讨论。

5. 对混合特殊性负载变频器的选择

大部分金属切削机床是混合特殊性负载的典型例子。

(1)混合特殊性负载及其特性。

金属切削机床中的低速段,由于工件的最大加工半径和允许的最大切削力相同,故具有恒转矩性质;而在高速段,由于受到机械强度的限制,将保持切削功率不变,属于恒功率性质。

以某龙门刨床为例,其切削速度小于 25 m/min 时,为恒转矩特性区,切削速度大于 25 m/min 时,为恒功率特性区。其机械特性曲线,如图 5-47(a)所示,功率特性特性曲线,如图 5-47(b)所示。

(2)变频器的选择

金属切削机床除了在切削加工毛坯时,负载大小有较大变化外,其他切削加工过程中,负载的变化通常是很小的。就切削精度而言,选择 U/f 控制方式能够满足要求。但从节能角度看并不理想。

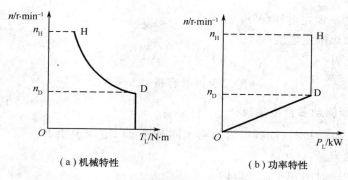

（a）机械特性　　　　　　（b）功率特性

图 5-47　混合负载的机械特性和功率特性

矢量变频器在无反馈矢量控制方式下，已经能够在 0.5 Hz 时稳定运行，完全可以满足要求。而且无反馈矢量控制方式能够克服 U/f 控制方式的缺点。

当机床对加工精度有特殊要求时，才考虑有反馈矢量控制方式。

目前，国内外已有众多生产厂家定型生产多个系列的变频器，使用时应根据实际需要选择满足使用要求的变频器。

① 对于风机和泵类负载，由于低速时转矩较小，对过载能力和转速精度要求较低，故选用价廉的变频器。

② 对于希望具有恒转矩特性，但在转速精度及动态性能方面要求不高的负载，可选用无矢量控制型的变频器。

③ 对于低速时要求有较硬的机械特性，并要求有一定的调速精度，在动态性能方面无较高要求的负载，可选用不带速度反馈的矢量控制型的变频器。

④ 对于某些对调速精度及动态性能方面都有较高要求，以及要求高精度同步运行的负载，可选用带速度反馈的矢量控制型的变频器。

当然，在选择变频器时，除了考虑以上因素以外，价格和售后服务等其他因素也应考虑。

5.6.2　变频器的容量计算

1. 驱动一台电动机连续运转的变频器容量

对于驱动一台电动机连续运转的变频器，容量必须同时满足以下三项要求：

满足负载输出：

$$\frac{kP_M}{\eta\cos\varphi}\leqslant 变频器容量（kV\cdot A）\tag{5-45}$$

式中　k——电流波形补偿系数，PWM 方式的变频器为 1.05～1.1；

　　　P_M——负载要求的电动机轴输出功率（kW）；

　　　η——电动机效率（通常约为 0.85）；

　　$\cos\varphi$——电动机功率因数（通常约为 0.75）。

满足电动机容量：

$$\sqrt{3}kU_E I_E\times 10^{-3}\leqslant 变频器容量（kV\cdot A）\tag{5-46}$$

式中　　U_E——电动机额定电压(V)；

　　　　I_E——电动机额定电流(A)。

满足电动机电流：

$$kI_E \leqslant 变频器容量(kV \cdot A) \tag{5-47}$$

2. 单台变频器驱动多台电动机

对于驱动多台电动机时,变频器容量必须同时满足以下两项要求：

满足驱动时的容量：

对于电动机加速时间在 1 min 以内

$$\frac{kP_M}{\eta\varphi}[N_T + N_S(k_S - 1)] = P_{C1}\left[1 + \frac{N_S}{N_T}(k_S - 1)\right] \leqslant 1.5 \times 变频器容量(kV \cdot A) \tag{5-48}$$

式中　　P_{C1}——连续容量(kV·A)；

　　　　N_T——并列电动机台数；

　　　　k_S——电动机的启动电流/电动机的额定电流；

　　　　N_S——电动机同时启动的台数。

对于电动机加速时间在 1 min 以上

$$\frac{kP_M}{\eta\varphi}[N_T + N_S(k_S - 1)] = P_{C1}\left[1 + \frac{N_S}{N_T}(k_S - 1)\right] \leqslant 变频器容量(kV \cdot A) \tag{5-49}$$

满足电动机电流：

对于电动机加速时间在 1 min 以内

$$N_T I_M\left[1 + \frac{N_S}{N_T}(k_S - 1)\right] \leqslant 1.5 \times 变频器容量(kV \cdot A) \tag{5-50}$$

对于电动机加速时间在 1 min 以上

$$N_T I_M\left[1 + \frac{N_S}{N_T}(k_S - 1)\right] \leqslant 1.5 \times 变频器容量(kV \cdot A) \tag{5-51}$$

3. 加速时间有特殊要求变频器容量选择

对加速时间有特殊要求时,在指定加速时间情况下,变频器容量还必须满足以下要求：

$$\frac{kn}{937\eta\cos\varphi}T_1 + \frac{GD^2 n}{375t_A} \leqslant 变频器容量(kV \cdot A) \tag{5-52}$$

式中　　GD^2——电动机转矩换算(kg·m²)；

　　　　t_A——电动机加速时间(s)；

　　　　T_1——负载转矩(N·m)；

　　　　n——电动机额定转速(r/min)。

5.6.3　变频器外围设备的选择方法

变频器的外围设备通常包括空气断路器、交流接触器、交流电抗器、无线电噪声滤波器、制动电阻、直流电抗器、输出交流电抗器等设备。外围设备可根据实际需要选择。

1. 空气断路器

空气断路器是一种不仅能正常接触和断开电路，并能在过电流、逆电流、短路、欠电压、失电压等非正常情况下动作的自动装置。其作用是保护交直流电路内的电气设备，也可不频繁的操作电路，用于快速切断变频器防止变频器及其电路故障导致电源故障。选择时应满足电路频率、额定电压、额定电流、额定短路分断能力等方面的要求。

2. 交流接触器

交流接触器用来频繁远距离接通和分断交直流电路或大容量控制电路的电气设备。主要用来在变频器发生故障时，自动切断电源并防止掉电及故障后的再启动。选择时应首先考虑电路额定电压、额定电流满足电动机额定负载的要求，此外还要考虑交流接触器的线圈控制电压要求。

3. 交流电抗器

交流电抗器的主要功能是防止电源电网的谐波干扰。用于改善输入功率因数，降低高次谐波及抑制电源浪涌。通常在以下情况下使用交流电抗器：

① 电源容量与变频器容量之比为 10：1 以上；
② 电源上接有晶闸管负载或有开关控制的功率补偿装置；
③ 三相电源电压不平衡率≥3％；
④ 需要改善输入侧功率因数。

选择时应满足电路电压，根据电动机容量、电流值要求进行选择。

4. 无线电噪声滤波器

无线电噪声滤波器又叫电源滤波器，其作用是为了抑制从金属管线上传导无线电信号到设备中，或抑制干扰信号从干扰源设备通过电源线传导。用于抑制干扰信号从变频器通过电源线传导到电源或电动机中，以减小变频器产生的无线电干扰。选择时应满足电路电压，根据电动机容量、变频器容量的要求。

5. 制动电阻

制动电阻通常在制动力矩不能满足要求时选用，适用于大惯量负载及频繁制动或快速停车的场合。制动电阻必须垂直安装并紧固在隔热的面板上。其上部、下部必须留有至少 100 mm 的间隙，制动电阻不应妨碍冷却空气的流通。制动电阻的过热保护是通过热敏开关来实现的，变频器的电源电压要经过接触器接入，一旦制动电阻过热，接触器将在热敏开关的作用下断开变频器的供电电源。热敏开关的触头与接触器的线圈电源串联，如图 5-48 所示，在制动电阻的温度降低以后热敏开关的触头将重新闭合。

6. 直流电抗器

直流电抗器主要功能是抑制变频器产生的高次谐波，改善功率因数，抑制电流尖峰。选择时应满足电路电压、额定电流、电动机最大容量和变频器容量四方面要求。

7. 输出交流电抗器

输出交流电抗器的主要功能是抑制变频器产生的高频干扰波影响电源侧的滤波器，同时抑制变频器的发射干扰和感应干扰，抑制电动机电压的波动。选择时应满足电路电压、额定电

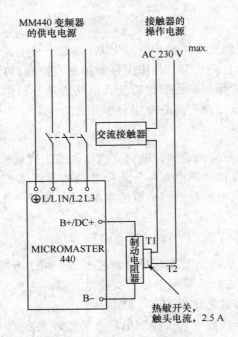

图 5-48　制动电阻作用

流、电动机最大容量和变频器容量四方面要求。

5.7　同步电动机变频调速系统

5.7.1　同步电动机变压变频调速的特点及其基本类型

同步电动机历来是以转速与电源频率保持严格同步著称的。只要电源频率保持恒定,同步电动机的转速就不变,同时其功率因数高到 1.0,甚至超前。采用电力电子装置实现电压-频率协调控制,改变了同步电动机历来只能恒速运行不能调速的状况。启动困难、重载时振荡或失步等问题也已不再是同步电动机广泛应用的障碍。通过变频电源频率的平滑调节,使电动机转速逐渐上升,实现软启动。由于采用频率闭环控制,同步转速可以跟着频率改变,于是就不会振荡和失步了。

同步调速系统的类型通常分为他控变频调速系统和自控变频调速系统两类。用独立的变压变频装置给同步电动机供电的系统,称为他控变频调速系统。用电动机本身轴上所带转子位置检测器或电动机反电动势波形提供的转子位置信号来控制变压变频装置换相时刻的系统,称为自控变频调速系统。

同步调速系统的主要特点如下:

(1) 交流电动机旋转磁场的同步转速 ω_1 与定子电源频率 f_1 关系:

$$\omega_1 = \frac{2\pi f_1}{p} \tag{5-53}$$

异步电动机的稳态转速总是低于同步转速的,二者之差叫做转差 ω_s;同步电动机的稳态转速等于同步转速,转差 $\omega_s = 0$。

(2) 异步电动机的磁场仅靠定子供电产生,而同步电动机除定子磁动势外,转子侧还有独立的直流励磁,或者用永久磁钢励磁。

(3) 同步电动机和异步电动机的定子都有同样的交流绕组,一般都是三相的,而转子绕组则不同,同步电动机转子除直流励磁绕组(或永久磁钢)外,还可能有自身短路的阻尼绕组。

(4) 异步电动机的气隙是均匀的,而同步电动机则有隐极与凸极之分,隐极式电动机气隙均匀,凸极式则不均匀,两轴的电感系数不等,造成数学模型上的复杂性。但凸极效应能产生平均转矩,单靠凸极效应运行的同步电动机称作磁阻式同步电动机。

(5) 异步电动机由于励磁的需要,必须从电源吸取滞后的无功电流,空载时功率因数很低。同步电动机则可通过调节转子的直流励磁电流,改变输入功率因数,可以滞后,也可以超前。当 $\cos\varphi = 1.0$ 时,电枢铜损最小,还可以节约变压变频装置的容量。

(6) 由于同步电动机转子有独立励磁,在极低的电源频率下也能运行,因此,在同样条件下,同步电动机的调速范围比异步电动机的调速范围更宽。

(7) 异步电动机要靠加大转差才能提高转矩,而同步电机只须加大功角就能增大转矩,同步电动机比异步电动机对转矩扰动具有更强的承受能力,能作出更快的动态响应。

5.7.2　他控变频同步电动机调速系统与自控变频同步电动机调速系统

转速开环恒压频比控制的同步电动机群调速系统,是一种最简单的他控变频调速系统,多用于化纺工业小容量多电动机拖动系统中。这种系统采用多台永磁或磁阻同步电动机并联接在公共的变频器上,由统一的频率给定信号同时调节各台电动机的转速,如图 5-49 所示。

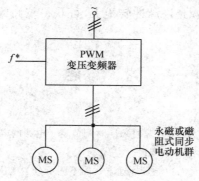

图 5-49　多台同步电动机的恒压频比控制调速系统

多台永磁或磁阻同步电动机并联接在公共的电压源型 PWM 变压变频器上,由统一的频率给定信号同时调节各台电动机的转速。PWM 变压变频器中,带定子压降补偿的恒压频比控制保证了同步电动机气隙磁通恒定,缓慢地调节频率给定可以逐渐地同时改变各台电动机的转速。其特点是系统结构简单,控制方便,只需一台变频器供电,成本低廉。但由于采用开环调速方式,系统存在一个明显的缺点,就是转子振荡和失步问题并未解决,因此各台同步电动机的负载不能太大。

自控变频同步电动机调速系统结构原理图,如图 5-50 所示。在电动机轴端装有一台转子位置检测器 BQ,由它发出的信号控制变压变频装置的逆变器 UI 换流,从而改变同步电动机的供电频率,保证转子转速与供电频率同步。调速时则由外部信号或脉宽调制(PWM)信号控制 UI 的输入直流电压。从电动机本身看,它是一台同步电动机,但是如果把它和逆变器 UI、转子位置检测器 BQ 合起来看,就像是一台直流电动机。直流电动机电枢里面的电流本来就是交变的,只是经过换向器和电刷才在外部电路表现为直流,这时,换向器相当于机械式的逆变器,电刷相当于磁极位置检测器。这里,则采用电力电子逆变器和转子位置检测器替代机械式换向器和电刷。因此自控变频同步电动机在其开发与发展的过程中,曾采用多种名称,如无换向器电动机、三相永磁同步电动机(输入正弦波电流时)、无刷直流电动机(采用方波电流时)等。

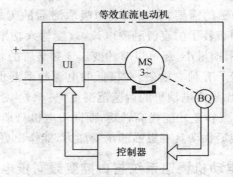

图 5-50　自控变频同步电动机调速系统结构

永磁电动机控制系统的优点:由于采用了永磁材料作为磁极,特别是采用了稀土金属永磁,因此容量相同时电动机的体积小、质量小;转子没有铜损和铁损,又没有滑环和电刷的摩擦损耗,运行效率高;转动惯量小,允许脉冲转矩大,可获得较高的加速度,动态性能好;结构紧凑,运行可靠。

习　题

一、判断题

1. 异步电动机变压变频调速系统中,调速时须同时调节定子电源的电压和频率。　　　　　　（　　）

2. 交流变频调速基频以下属于恒功率调速。　　　　　　　　　　　　　　　　　　　　（　　）

3. 交-直-交变频器按中间回路对无功能量处理方式的不同可分为电压型、电抗型等。　　（　　）

4. 异步电动机的变频调速装置,其功能是将电网的恒压恒频交流电变换为变压变频交流电,对交流电动机供电,实现交流无级调速。　　　　　　　　　　　　　　　　　　　　　　　　　（　　）

5. 变频调速中交-直-交变频器一般由整流器、滤波器、逆变器等部分组成。　　　　　　（　　）

6. 变频调速系统中对输出电压的控制方式一般可分为 PWM、PLM 控制。　　　　　　　（　　）

7. 电压型逆变器采用大电容滤波,从直流输出端看电源具有低阻抗,类似于电压源,逆变器输出电压为矩形波。　　　　　　　　　　　　　　　　　　　　　　　　　　　　　　　　　（　　）

8. 电流型逆变器采用大电感滤波,直流电源呈低阻抗,类似于电流源,逆变器的输出电流为矩形波。　　　　　　　　　　　　　　　　　　　　　　　　　　　　　　　　　　　　　（　　）

9. PWM 型逆变器是通过改变脉冲移相来改变逆变器输出电压幅值大小的。　　　　　　（　　）

10. 正弦波脉宽调制（SPWM）是指参考信号（调制波）为正弦波的脉冲宽度调制方式。 （　　）

11. 在 SPWM 脉宽调制的逆变器中，改变参考信号（调制波）正弦波的幅值和频率就可以调节逆变器输出基波交流电压的大小和频率。 （　　）

12. SPWM 型逆变器的同步调制方式是载波（三角波）的频率与调制波（正弦波）的频率之比等于常数，不论输出频率高低，输出电压每半周的输出脉冲数是相同的。 （　　）

13. 通用变频器的逆变电路中功率开关管现在一般采用 IGBT 模块。 （　　）

二、单项选择题

1. 在 VVVF 调速系统中，调频时须同时调节定子电源的（　　），在这种情况下，机械特性平行移动，转差功率不变。

A. 电抗　　　B. 电流　　　　C. 电压　　　D. 转矩

2. 变频调速系统在基频以下一般采用（　　）的控制方式。

A. 恒磁通调速　B. 恒功率调速　C. 变阻调速　D. 调压调速

3. 交-直-交变频器按输出电压调节方式不同可分为 PAM 与（　　）类型。

A. PYM　　　　B. PFM　　　　C. PLM　　　　D. PWM

4. 变频调速所用的 VVVF 型变频器具有（　　）功能。

A. 调压　　　B. 调频　　　　C. 调压与调频　D. 调功率

5. 变频调速中交-直-交变频器一般由（　　）组成。

A. 整流器、滤波器、逆变器　　B. 放大器、滤波器、逆变器

C. 整流器、滤波器　　　　　　D. 逆变器

6. 变频调速系统中对输出电压的控制方式一般可分为 PWM 控制与（　　）。

A. PFM 控制　　B. PAM 控制　　C. PLM 控制　　D. PRM 控制

7. 电压型逆变器采用电容滤波，电压较稳定，（　　），调速动态响应较慢，适用于多电动机传动及不可逆系统。

A. 输出电流为矩形波　　B. 输出电压为矩形波

C. 输出电压为尖脉冲　　D. 输出电流为尖脉冲

8. 电流型逆变器采用大电感滤波，此时可认为是（　　），逆变器的输出交流电流为矩形波。

A. 内阻抗低的电流源　　B. 输出阻抗高的电流源

C. 内阻抗低的电压源　　D. 内阻抗高的电压源

9. PWM 型变频器由二极管整流器、滤波电容、（　　）等部分组成。

A. PAM 逆变器　B. PLM 逆变器　C. 整流放大器　D. PWM 逆变器

10. 正弦波脉宽调制（SPWM），通常采用（　　）相交方法来产生脉冲宽度按正弦波分布的调制波形。

A. 直流参考信号与三角波载波信号　　B. 正弦波参考信号与三角波载波信号

C. 正弦波参考信号与锯齿波载波信号　D. 三角波载波信号与锯齿波载波信号

11. 晶体管通用三相 SPWM 型逆变器是由（　　）组成。

A. 三个电力晶体管开关　　B. 六个电力晶体管开关

C. 六个双向晶闸管　　　　D. 六个二极管

12. SPWM 型逆变器的同步调制方式是载波（三角波）的频率与调制波（正弦波波）的频率之比（　　），不论输出频率高低，输出电压每半周的输出脉冲数是相同的。

A. 等于常数　　B. 成反比关系　C. 呈平方关系　D. 不等于常数

三、多项选择题

1. 交流电动机调速方法有（　　）。

A. 变频调速　　B. 变极调速　　C. 串级调速

D. 调压调速　　E. 转子串电阻调速

2. 异步电动机变压变频调速系统中,调速时应同时(　　)。

A. 改变定子电源电压的频率　　B. 改变定子电源的电压　　C. 改变转子电压

D. 改变转子电压的频率　　E. 改变定子电源电压的相序

3. 变频调速系统在基频以下调速控制方式有(　　)的控制方式。

A. 恒压频比($\frac{U_1}{f_1}=$常数)　　B. 恒定电动势频比($\frac{E_1}{f_1}=$常数)

C. 磁通与频率成反比　　D. 磁通与频率成正比

E. 改变定子电压频率,保持定子电压恒定

4. 交-直-交变频器,按中间回路对无功能量处理方式的不同,可分为(　　)等。

A. 电压型　　B. 电流型　　C. 转差率型　　D. 频率型　　E. 电抗型

5. 变频调速中,变频器具有(　　)功能。

A. 调压　　B. 调电流　　C. 调转差率　　D. 调频　　E. 调功率

6. 变频调速中,交-直-交变频器一般由(　　)部分组成。

A. 整流器　　B. 滤波器　　C. 逆变器放大器　　D. 逆变器　　E. 分配器

7. 电压型逆变器的特点是(　　)。

A. 采用电容器滤波　　B. 输出阻抗低　　C. 输出电压为正弦波

D. 输出电压为矩形波　　E. 输出阻抗高

第6章 常见变频器应用基础

6.1 西门子 MM440 变频器

6.1.1 MM440 变频器的安装与接线

MM440 接线端子图如图 6-1 所示。

其中 1♯、2♯输出控制电压,1♯为+10 V 电压,2♯为 0 V 电压;3♯为模拟量输入 1"+"端;4♯为模拟量输入 1"-"端;5♯、6♯、7♯、8♯、16♯、17♯为开关量输入端;9♯输出开关量控制电压+24 V;10♯为模拟量输入 2"+"端;11♯为模拟量输入 2"-"端;12♯为模拟量输出 1"+"端;13♯为模拟量输出 1"-"端;14♯、15♯为电动机热保护输入端;18♯、19♯、20♯为输出继电器 1 对外输出的触点,18♯为常闭,19♯为常开,20♯为公共端;21♯、22♯为输出继电器 2 对外输出的触点,21♯为常开,22♯为公共端;23♯、24♯、25♯为输出继电器 3 对外输出的触点,23♯为常闭,24♯为常开,25♯为公共端;26♯为模拟量输出 2"+"端;27♯为模拟量输出 2"-"端;28♯为开关量外接控制电源的接地端;29♯、30♯为 RS-485 通信端口。

模拟输入 1(AIN1)可以用于:0～10 V,0～20 mA 和-10～+10 V。

模拟输入 2(AIN2)可以用于:0～10 V 和 0～20 mA。

模拟输入回路可以另行配置,用于提供两个附加的数字输入(DIN7 和 DIN8),如图 6-2 所示。

当模拟输入作为数字输入时,电压门限值如下:1.75 V DC = OFF,3.70 V DC = ON

端子 9(24 V)在作为数字输入使用时,也可用于驱动模拟输入。端子 2 和 28(0 V)必须连接在一起。

MM440 变频器模拟输入可作为数字输入使用(通过设定)。图 6-2 所示为模拟输入作为数字输入时外部电路的连接方法。

对应于图 6-3 为西门子 MM440 变频器的实际连接端子,打开变频器的盖子后就可以连接电源和电动机的接线端子,电源和电动机的接线必须按照图 6-4 所示的方法进行连接,同时,接线时应将主电路接线与控制电路接线分别走线,控制电缆要用屏蔽电缆。

通常变频器的设计允许它在具有很强电磁干扰的工业环境下运行,如果安装的质量良好就可以确保安全和无故障运行。在运行中遇到问题可按下面指出的措施进行处理:

(1)确保机柜内的所有设备都已用短而粗的接地电缆可靠地连接到公共的星形接地点或

公共的接地母线。

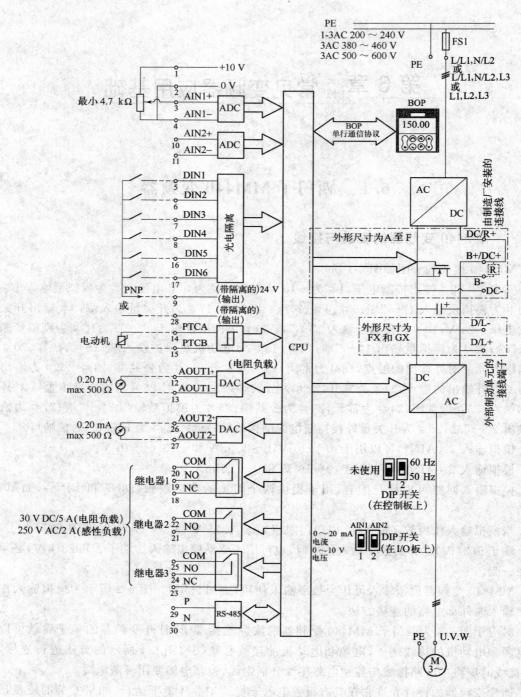

图 6-1　MM440 接线端子图

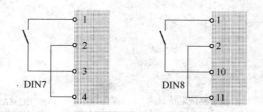

图 6-2 模拟输入作为数字输入时外部电路的连接

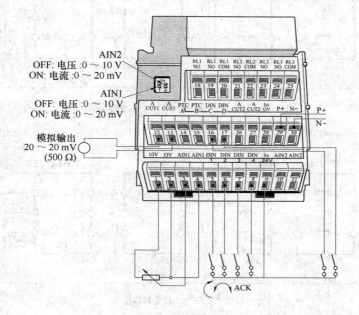

图 6-3 MM440 变频器的连接端子

（2）确保与变频器连接的任何控制设备，例如 PLC，也像变频器一样用短而粗的接地电缆连接到同一个接地网或星形接地点。

（3）由电动机返回的接地线直接连接到控制该电动机的变频器的接地端子 PE 上。

（4）接触器的触头最好是扁平的，因为它们在高频时阻抗较低。

（5）截断电缆端头时，应尽可能整齐，保证未经屏蔽的线段尽可能短。

（6）控制电缆的布线应尽可能远离供电电源线，使用单独的走线槽，在必须与电源线交叉时，应采取 90°直角交叉。

（7）无论何时，与控制回路的连接线都应采用屏蔽电缆。

（8）确保机柜内安装的接触器是带阻尼的，即在交流接触器的线圈上连接有 RC 阻尼回路，在直流接触器的线圈上连接有续流二极管，安装压敏电阻对抑制过电压也是有效的，当接触器由变频器的继电器进行控制时，这一点尤其重要。

（9）接到电动机的连接线应采用屏蔽的或带有铠甲的电缆，并用电缆接线卡子将屏蔽层的两端接地。

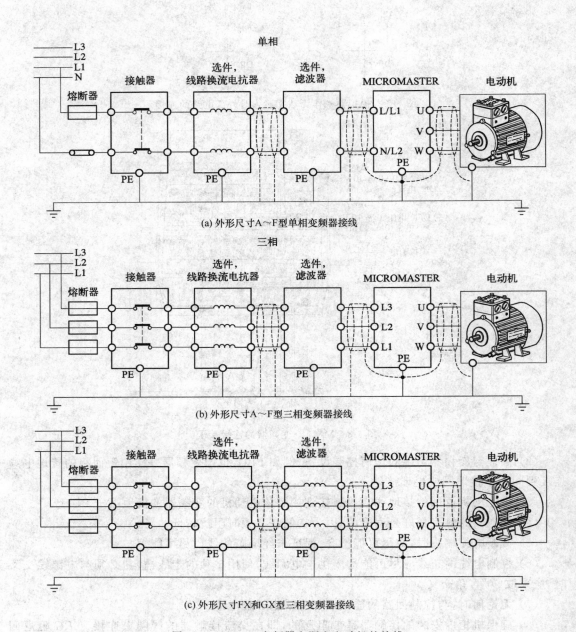

(a) 外形尺寸A～F型单相变频器接线

(b) 外形尺寸A～F型三相变频器接线

(c) 外形尺寸FX和GX型三相变频器接线

图 6-4　MM440 变频器电源和电动机的接线

6.1.2　MM440 变频器参数设置方法

1. MM440 变频器操作面板

MM440 变频器操作面板如图 6-5 所示,各按键的作用如表 6-1 所示。

图 6-5　基本操作面板 BOP 上的按键

表 6-1　基本操作面板 BOP 上的按键的作用

显示/按钮	功能	说　明
┌0000	状态显示	LCD 显示变频器当前设定值
I	启动 电动机	按此键启动变频器,默认值运行时此键是被封锁的,为了使此键操作有效,应设定 P0700 = 1
0	停止 电动机	OFF1:按此键变频器将按选定的斜坡下降时间减速至停车,默认值运行时此键被封锁,为了使此键操作有效,应设定 P0700 = 1 OFF2:按此键两次或一次但时间较长,电动机自由停车,此功能总是有效
↻	改变电动机 的转动方向	按此键可以改变电动机的转动方向,电动机的反向用负号表示或用闪烁的小数点表示,默认值运行时此键是被封锁的,为了使此键的操作有效,应设定 P0700 = 1
jog	电动机 点动	在变频器无输出的情况下,按此键将使电动机启动并按预设定的点动频率运行,释放此键时,电动机停车,如果电动机正在运行,按此键将不起作用

显示/按钮	功能	说　　明
 Fn	功能	此键用于浏览附加信息,运行过程中,在显示任何一个参数时按下此键并保持不动 2 s,将显示以下参数值,在电动机运行中从任何一个参数开始: (1) 直流回路电压用 d 表示,单位 V。 (2) 输出电流 A。 (3) 输出频率 Hz。 (4) 输出电压用 o 表示,单位 V。 (5) 由 P0005 所选定的数值,如果 P0005 选择显示上述参数中的任何一个(3)、(4)或(5)这里将不再显示。 连续多次按下此键,将轮流显示以上参数。 在显示任何一个参数 r×××× 或 P×××× 时,短时按下此键,将立即跳转到 r0000,如果需要的话,可以接着修改其他参数,跳转到 r0000 后,按此键将返回到起始点。 在出现故障或报警的情况下,按此键可以将操作板上显示的故障或报警信息复位
P	访问参数	按此键即可访问参数
▲	增加数值	按此键即可增加面板上显示的参数数值
▼	减少数值	按此键即可减少面板上显示的参数数值

2. MM440 变频器参数设置方法

例如:将参数 P0010 设置值由默认的 0 改为 30 的操作流程。

(1) 按接线图完成接线,检查无误后可加电。加电后面板显示如图 6-6 所示。

(2) 按编程键(P 键),LED 显示器显示"r000",如图 6-7 所示。

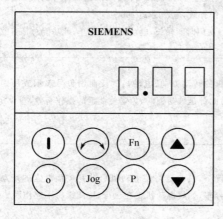

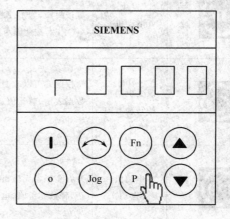

图 6-6　加电后面板显示　　　　　　　　　　图 6-7　操作步骤 1

（3）按上升键（▲键），直到 LED 显示器显示"P0010"，如图 6-8 所示。

（4）按编程键（P 键）两次，LED 显示器显示 P0010 参数默认的数值"0"，如图 6-9 所示。

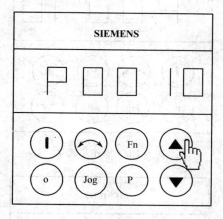

图 6-8　操作步骤 2

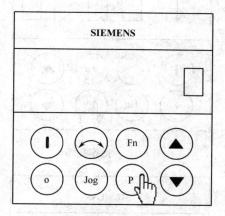

图 6-9　操作步骤 3

（5）按上升键（▲键），直到 LED 显示器显示值会增大，当到"30"时，如图 6-10 所示。

（6）当达到设置的数值时，按编程键（P 键）确认当前设定值，如图 6-11 所示。

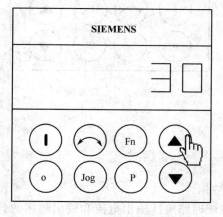

图 6-10　操作步骤 4

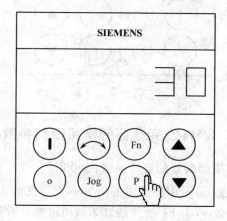

图 6-11　操作步骤 5

（7）按编程键（P 键）后，LED 显示器显示"P0010"，如图 6-12 所示，此时 P0010 参数的数值被修改成"30"。

（8）按照上述步骤可对变频器的其他参数进行设置。

（9）当所有参数设置完毕后，可按功能键（Fn 键）返回，如图 6-13 所示。

（10）按功能键（Fn 键）后，面板显示"r0000"，再次按下编程键（P 键），可进入 r0000 的显示状态，如图 6-14 所示。

（11）按编程键（P 键），进入 r0000 的显示状态，显示当前参数，如图 6-15 所示。

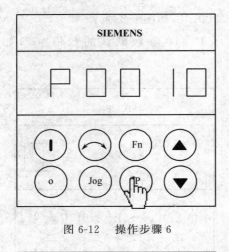

图 6-12　操作步骤 6

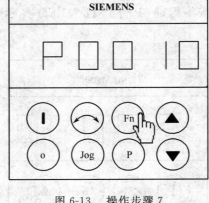

图 6-13　操作步骤 7

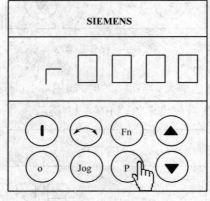

图 6-14　操作步骤 8

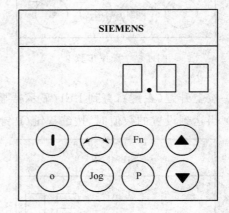

图 6-15　操作步骤 9

6.1.3　MM440 变频器的常用控制参数

1. 驱动装置的显示参数 r0000

功能：显示用户选定的由 P0005 定义的输出数据。

说明：按下 Fn 键并持续 2 s，用户就可看到直流回路电压输出电流和输出频率的数值以及选定的 r0000（设定值在 P0005 中定义）。

注意：电流、电压大小只能通过设定 r0000 参数显示读取，不能使用万用表测量。这是因为万用表只能测量频率为 50 Hz 的正弦交流电，变频器的输出不是 50 Hz 的正弦交流电，所以万用表的读数是没有意义的。

2. 用户访问级参数 P0003

功能：用于定义用户访问参数组的等级。

说明：对于大多数简单的应用对象，采用默认设定值标准模式就可以满足要求可能的设定值，但若要 P0005 显示转速设定，必须设定 P0003＝3。

设定范围：0～4。

P0003＝0：用户定义的参数表，有关使用方法的详细情况请参看 P0013 的说明。

P0003＝1：标准级，可以访问最经常使用的一些参数。

P0003＝2：扩展级，允许扩展访问参数的范围，例如变频器的 I/O 功能。

P0003＝3：专家级，只供专家使用。

P0003＝4：维修级，只供授权的维修人员使用，具有密码保护。

出厂默认值：1。

3. 显示选择参数 P0005

功能：选择参数 r0000（驱动装置的显示）要显示的参量，任何一个只读参数都可以显示。

说明：设定值 21,25…对应的是只读参数号 r0021,r0025…。

设定范围：2～2294。

P0005＝21：实际频率。

P0005＝22：实际转速。

P0005＝25：输出电压。

P0005＝26：直流回路电压。

P0005＝27：输出电流。

出厂默认值：21。

注意：若要 P0005 显示转速设定，必须设定 P0003＝3。

4. 调试参数过滤器 P0010

功能：对与调试相关的参数进行过滤，只筛选出那些与特定功能组有关的参数。

设定范围：0～30。

P0010＝0：准备。

P0010＝1：快速调试。

P0010＝2：变频器。

P0010＝29：下载。

P0010＝30：工厂的设定值。

出厂默认值：0。

注意：在变频器投入运行之前应设 P0010＝0。

5. 使用地区参数 P0100

功能：用于确定功率设定值。例如，铭牌的额定功率 P0307 的单位是 kW 还是 hp。

说明：除了基准频率 P2000 以外，还有铭牌的额定频率默认值 P0310 和最大电动机频率 P1082 的单位也都在这里自动设定。

设定范围：0～2。

P0100＝0：欧洲[kW]频率默认值 50 Hz。

P0100＝1：北美[hp]频率默认值 60 Hz。

P0100＝2：北美[kW]频率默认值 60 Hz。

出厂默认值：0。

注意：本参数只能在 P0010＝1 快速调试时进行修改。

6. 电动机的额定电压参数 P0304

功能:设置电动机铭牌数据中额定电压。

说明:设定值的单位为 V。

设定范围:10~2 000。

出厂默认值:400。

注意:本参数只能在 P0010=1 快速调试时进行修改。当电动机为Y形接法时,设定为 U_N,电动机为△形接法时,设定为 $U_N/\sqrt{3}$,以保证电动机的相电压值。

7. 电动机额定电流参数 P0305

功能:设置电动机铭牌数据中额定电流。

说明:

(1) 设定值的单位为 A。

(2) 对于异步电动机,电动机电流的最大值定义为变频器最大电流 r0209。

(3) 对于同步电动机,电动机电流的最大值定义为变频器最大电流 r0209 的两倍。

(4) 电动机电流的最小值定义为变频器额定电流 r0207 的 1/32。

设定范围:0.01~10 000.00。

出厂默认值:3.25。

注意:本参数只能在 P0010=1 快速调试时进行修改。当电动机为Y形接法时,设定为 I_N,电动机为△形接法时,设定为 $\sqrt{3}I_N$,以保证电动机的相电流值。

8. 电动机额定功率参数 P0307

功能:设置电动机铭牌数据中额定功率。

说明:设定值的单位为 kW。

设定范围:0.01~2 000.00。

出厂默认值:0.75。

注意:本参数只能在 P0010= 1 快速调试时进行修改。

9. 电动机的额定功率因数参数 P0308

功能:设置电动机铭牌数据中的额定功率。

设定范围:0.000~1.000。

出厂默认值:0.000。

注意:

(1) 本参数只能在 P0010=1 快速调试时进行修改。

(2) 当参数的设定值为 0 时将由变频器内部来计算功率因数。

10. 电动机的额定频率参数 P0310

功能:设置电动机铭牌数据中额定频率。

说明:设定值的单位为 Hz。

设定范围:12.00~650.00。

出厂默认值:50。

注意：

（1）本参数只能在 P0010＝1 快速调试时进行修改。

（2）如果这一参数进行了修改，变频器将自动重新计算电动机的极对数。

11. 电动机的额定转速参数 P0311

功能：设置电动机铭牌数据中额定转速。

说明：

（1）设定值的单位为 rpm。

（2）参数的设定值为 0 时，将由变频器内部来计算电动机的额定速度。

（3）对于带有速度控制器的矢量控制和 U/f 控制方式必须有这一参数值。

（4）在 U/f 控制方式下需要进行滑差补偿时，必须要有这一参数才能正常运行。

（5）如果对这一参数进行了修改，变频器将自动重新计算电动机的极对数。

设定范围：0～40 000。

出厂默认值：1 390。

注意：本参数只能在 P0010＝1 快速调试时进行修改。

12. 选择命令源参数 P0700

功能：选择数字的命令信号源。

设定范围：0～99。

P0700＝0：工厂的缺省设置。

P0700＝1：BOP 键盘设置。

P0700＝2：由端子排输入。

P0700＝4：通过 BOP 链路的 USS 设置。

P0700＝5：通过 COM 链路的 USS 设置。

P0700＝6：通过 COM 链路的通信板 CB 设置。

出厂默认值：2。

注意：改变这 P0700 参数时，同时也使所选项目的全部设置值复位为工厂的默认设置值。

13. 数字输入 1 的功能参数 P0701

功能：选择数字输入 1(5＃引脚)的功能。

设定范围：0～99。

P0701＝0：禁止数字输入。

P0701＝01：接通正转/停车命令 1。

P0701＝02：接通反转/停车命令 1。

P0701＝010：正向点动。

P0701＝011：反向点动。

P0701＝012：反转。

P0701＝013：MOP(电动电位计)升速(增加频率)。

P0701＝014：MOP 降速(减少频率)。

P0701＝015：固定频率设置(直接选择)。

P0701＝016：固定频率设置（直接选择＋启动命令）。

P0701＝017：固定频率设置（二进制编码选择＋启动命令）。

出厂默认值：1。

14. 数字输入 2 的功能参数 P0702

功能：选择数字输入 2（6♯引脚）的功能。

设定范围：0～99。

P0702＝0：禁止数字输入。

P0702＝01：接通正转/停车命令 1。

P0702＝02：接通反转/停车命令 1。

P0702＝010：正向点动。

P0702＝011：反向点动。

P0702＝012：反转。

P0702＝013：MOP（电动电位计）升速（增加频率）。

P0702＝014：MOP 降速（减少频率）。

P0702＝015：固定频率设置（直接选择）。

P0702＝016：固定频率设置（直接选择＋启动命令）。

P0702＝017：固定频率设置（二进制编码选择＋启动命令）。

出厂默认值：12。

15. 数字输入 3 的功能参数 P0703

功能：选择数字输入 3（7♯引脚）的功能。

设定范围：0～99。

P0703＝0：禁止数字输入。

P0703＝01：接通正转/停车命令 1。

P0703＝02：接通反转/停车命令 1。

P0703＝09：故障确认。

P0703＝010：正向点动。

P0703＝011：反向点动。

P0703＝012：反转。

P0703＝013：MOP（电动电位计）升速（增加频率）。

P0703＝014：MOP 降速（减少频率）。

P0703＝015：固定频率设置（直接选择）。

P0703＝016：固定频率设置（直接选择＋启动命令）。

P0703＝017：固定频率设置（二进制编码选择＋启动命令）。

出厂默认值：9。

16. 数字输入 4 的功能参数 P0704

功能：选择数字输入 4（8♯引脚）的功能。

设定范围：0～99。

P0704＝0:禁止数字输入。

P0704＝01:接通正转/停车命令 1。

P0704＝02:接通反转/停车命令 1。

P0704＝09:故障确认。

P0704＝010:正向点动。

P0704＝011:反向点动。

P0704＝012:反转。

P0704＝013:MOP(电动电位计)升速(增加频率)。

P0704＝014:MOP 降速(减少频率)。

P0704＝015:固定频率设置(直接选择)。

P0704＝016:固定频率设置(直接选择＋启动命令)。

P0704＝017:固定频率设置(二进制编码选择＋启动命令)。

出厂默认值:15。

注意:

(1) P0701、P0702、P0703、P0704 的设置参数是相同的,分别控制 5♯、6♯、7♯引脚的功能。

(2) 可将 P0701、P0702、P0703、P0704 设置为不同功能,独立进行控制。

(3) P0701、P0702、P0703、P0704 还可设置为多段频率控制。

17. 频率设定值的选择参数 P1000

功能:设置选择频率设定值的信号源。

设定范围:0～66。

P1000＝1:MOP 设定值。

P1000＝2:模拟设定值。

P1000＝3:固定频率。

出厂默认值:2。

18. 最低频率参数 P1080

功能:本参数设定最低的电动机运行频率。

说明:设定值的单位为 Hz。

设定范围:0.00～650.00。

出厂默认值:0.00。

注意:(1)这里设定的数值既适用于顺时针方向转动也适用于反时针方向转动。

(2) 在一定条件下,例如,正在按斜坡函数曲线运行电流达到极限电动机运行的频率可以低于最低频率。

19. 最高频率参数 P1082

功能:本参数设定最高的电动机运行频率。

说明:设定值的单位为 Hz。

设定范围:0.00～650.00。

出厂默认值:50.00。

注意:

(1) 这里设定的数值既适用于顺时针方向转动也适用于反时针方向转动。

(2) 电动机可能达到的最高运行速度受到机械强度的限制。

20. 斜坡上升时间参数 P1120

功能:斜坡函数曲线不带平滑圆弧时,电动机从静止状态加速到最高频率 P1082 所用的时间,如图 6-16 所示。

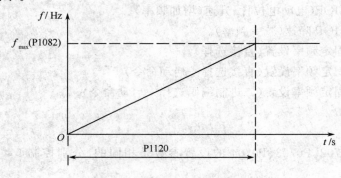

图 6-16　斜坡上升时间

说明:如果设定的斜坡上升时间太短就有可能导致变频器跳闸过电流。

设定范围:0.00～650.00。

出厂默认值:10.00。

21. 斜坡下降时间参数 P1121

功能:斜坡函数曲线不带平滑圆弧时,电动机从最高频率 P1082 减速到静止停车所用的时间所用的时间,如图 6-17 所示。

说明:如果设定的斜坡下降时间太短就有可能导致变频器跳闸过电流、过电压。

设定范围:0.00～650.00。

出厂默认值:10.00。

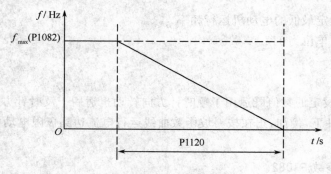

图 6-17　斜坡下降时间

22. 固定频率 1～15 参数 P1001～P1015

功能:定义固定频率 1～15 的设定值。

说明：设定值的单位为 Hz。

设定范围：−650.00～650.00。

在确定接线无误的情况下，经教师检查后加电。

6.1.4　MM440 变频器操作步骤

变频器外部接线，如图 6-18 所示。其基本操作控制如下：

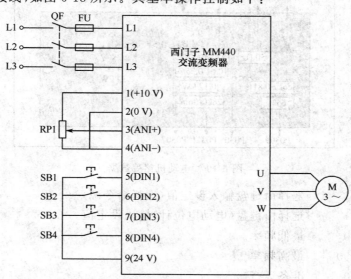

图 6-18　MM440 系统接线图

1. 将变频器复位为工厂的默认设定值

（1）设定 P0010 = 30。

（2）设定 P0970 = 1　　　恢复出厂设置

大约需要 10 s 才能完成复位的全部过程，将变频器的参数复位为工厂的默认设置值。

2. 设置电动机参数

用于参数化的电动机铭牌数据，如图 6-19 所示。

（1）P0010＝1　　　　　快速调试。

（2）P0100＝0　　　　　功率（kW），频率默认为 50 Hz。

（3）P0304＝220　　　　电动机额定电压（V）。

（4）P0305＝1.81　　　电动机额定电流（A）。

（5）P0307＝0.37　　　电动机额定功率（kW）。

（6）P0310＝50　　　　电动机额定功率（Hz）。

（7）P0311＝1400　　　电动机额定转速（r/min）。

3. 面板操作控制

（1）P0010＝1　　　　　快速调试。

（2）P1120＝5　　　　　斜坡上升时间。

（3）P1121＝5　　　　　斜坡下降时间。

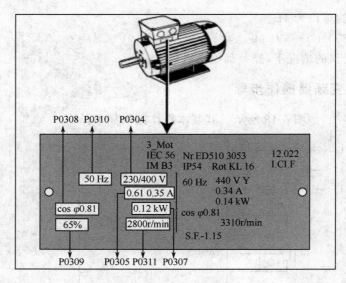

图 6-19　电动机铭牌数据

（4）P0700＝1　　　选择由键盘输入设定值（选择命令源）。

（5）P1000＝1　　　选择由键盘（电动电位计）输入设定值。

（6）P1080＝0　　　最低频率。

（7）P1082＝50　　最高频率。

（8）P0010＝0　　　准备运行。

（9）P0003＝3　　　用户访问等级为专家级。

（10）P1032＝0　　允许反向。

（11）P1040＝30　设定键盘控制的设定频率。

（12）在变频器的操作面板上按下运行键,变频器就将驱动电动机在 P1120 所设定的上升时间升速,并运行在由 P1040 所设定的频率值上。

（13）如果需要,可直接通过操作面板上的增加键或减少键来改变电动机的运行频率及旋转方向。

（14）在变频器的操作面板上按下停止键,变频器就将驱动电机在 P1121 所设定的下降时间驱动电机减速至零。

4. 开关量操作控制

（1）P0010＝1　　　快速调试。

（2）P1120＝5　　　斜坡上升时间。

（3）P1121＝5　　　斜坡下降时间。

（4）P1000＝1　　　选择由键盘（电动电位计）输入设定值。

（5）P1080＝0　　　最低频率。

（6）P1082＝50　　最高频率。

（7）P0010＝0　　　准备运行。

（8）P0003＝3　　　用户访问等级为专家级。

(9) P1032＝0　　　　允许反向。

(10) P1058＝10　　　正向点动频率为 10 Hz。

(11) P1059＝8　　　反向点动频率为 8 Hz。

(12) P1060＝5　　　点动斜坡上升时间为 5 s。

(13) P1061＝5　　　点动斜坡下降时间为 5 s。

(14) P7000＝2　　　命令源选择"由端口输入"。

(15) P0003＝2　　　用户访问级选择"扩展级"。

(16) P1040＝30　　　设定键盘控制的设定频率。

(17) P0701＝1　　　ON 正转，OFF 停止。

(18) 按下带锁按钮 SB1(5♯引脚)，变频器就将驱动电动机正转，在 P1120 所设定的上升时间升速，并运行在由 P1040 所设定的频率值上。断开 SB1(5♯引脚)，则变频器就将驱动电动机在 P1121 所设定的下降时间驱动电动机减速至零。

(19) 将 P0701 设置为 2，按下带锁按钮 SB1(5♯引脚)，变频器就将驱动电动机反转，在 P1120 所设定的上升时间升速，并运行在由 P1040 所设定的频率值上。断开 SB1(5♯引脚)，则变频器就将驱动电动机在 P1121 所设定的下降时间驱动电动机减速至零。

(20) 将 SB1 为不带锁的按钮，将 P0701 设置为 10，按下 SB1(5♯引脚)，变频器就将驱动电动机正转点动，在 P1060 所设定的点动上升时间升速，并运行在由 P1058 所设定的频率值上。断开 SB1(5♯引脚)，则变频器就将驱动电动机在 P1061 所设定的点动下降时间驱动电动机减速至零。

(21) 将 SB1 为不带锁的按钮，将 P0701 设置为 11，按下 SB1(5♯引脚)，变频器就将驱动电动机反转点动，在 P1060 所设定的点动上升时间升速，并运行在由 P1059 所设定的频率值上。断开 SB1(5♯引脚)，则变频器就将驱动电动机在 P1061 所设定的点动下降时间驱动电动机减速至零。

(22) 将 P0701 设置为 0，则按下 SB1 无效。

(23) 也依次将 P0701 替换为 P0702、P0703，则外部控制交由 SB2(6♯)、SB3(7♯)控制。

(24) 可分别设置 P0701、P0702、P0703，分别做不同功能的控制。

5. 模拟量操作控制

(1) P0010＝1　　　快速调试。

(2) P1120＝5　　　斜坡上升时间。

(3) P1121＝5　　　斜坡下降时间。

(4) P1000＝2　　　选择由模拟量输入设定值。

(5) P1080＝0　　　最低频率。

(6) P1082＝50　　　最高频率。

(7) P0010＝0　　　准备运行。

(8) P0003＝3　　　用户访问级选择"专家级"。

(9) P2000＝50　　　基准频率设定为 50 Hz。

(10) P0701＝1　　　ON 接通正转，OFF 停止。

(11) P0757＝0　　　标定模拟量输入的 X1 值。

（12）P0758＝0　　　　标定模拟量输入的 Y1 值。

（13）P0759＝10　　　标定模拟量输入的 X2 值。

（14）P0760＝100　　　标定模拟量输入的 Y2 值。

（15）按下带锁按钮 SB1（5♯引脚），则变频器便使电动机的转速由外接电位器 RW1 控制。断开 SB1（5♯引脚），则变频器就将驱动电动机减速至零。

（16）将 P0005 设置为 22，按下带锁按钮 SB1（5♯引脚），变频器显示当前 RW1 控制的转速，可通过 Fn 键分别显示，直流环节电压、输出电压、输出电流、频率、转速循环切换。

（17）将 P0757 设置为 2，P0761 设置为 2，则变频器便使电动机的转速由外接电位器 RW1 控制，同时 2 V 以下变为模拟量控制的死区。

（18）可分别改变 P0757、P0758、P0759、P0760、P0761 观察模拟量控制的现象。

6. 固定频率的控制方式

（1）直接选择。

将 P0701～P0704 参数均设置为 15，即直接选择。此时，可通过 SB1、SB2、SB3、SB4 分别控制 5♯、6♯、7♯、8♯引脚，选择输出的频率，5♯引脚接通选择 FF1（P1001 中设置的第一段频率），6♯引脚接通选择 FF2（P1002 中设置的第二段频率），7♯引脚接通选择 FF3（P1003 中设置的第三段频率）、8♯引脚接通选择 FF4（P1004 中设置的第四段频率）。

在这种操作方式下，一个数字输入选择一个固定频率。如果有几个固定频率输入同时被激活，选定的频率是它们的总和。

例如：FF1＋FF2＋FF3＋FF4。

必须指出：此时 SB1（5♯引脚）、SB2（6♯引脚）、SB3（7♯引脚）、SB4（8♯引脚）只是选择控制的频率，必须另加启动信号，才能使变频器运行，从而控制电动机的运行。

例如：为加入启动信号，可将 5♯引脚设置为正转启动，即将 P0701 设置为 1，将 P0702 和 P0703 设置为 15。按下 SB1（5♯引脚）电动机启动，此时可用 SB2（6♯引脚）、SB3（7♯引脚）、SB4（8♯引脚）选择 P1002、P1003、P1004 所设置的频率。此时 SB1（5♯引脚）作为启动信号，变频器才有输出，才能控制电动机的运行，则 P1001 中的频率不能输出。

（2）直接选择＋启动命令。

将 P0701～P0704 参数均设置为 16，即直接选择＋启动命令。此时，可通过 SB1、SB2、SB3、SB7 分别控制 5♯、6♯、7♯、8♯引脚，选择输出的频率，5♯引脚接通选择 FF1（P1001 中设置的第一段频率），6♯引脚接通选择 FF2（P1002 中设置的第二段频率），7♯引脚接通选择 FF3（P1003 中设置的第三段频率）、8♯引脚接通选择 FF4（P1004 中设置的第四段频率）。选择固定频率时既有选定的固定频率又带有启动命令把它们组合在一起。

在这种操作方式下，一个数字输入选择一个固定频率如果有几个固定频率输入同时被激活，选定的频率是它们的总和。

例如：FF1＋FF2＋FF3＋FF4。

此时 SB1（5♯引脚）、SB2（6♯引脚）、SB3（7♯引脚）、SB4（8♯引脚）既有选定的固定频率又带有启动命令，不必另加启动信号，变频器就有输出，可以控制电动机的运行。

（3）二进制编码选择＋启动命令。

将 P0701～P0704 参数均设置为 17，即二进制编码选择＋启动命令。此时，可通过 SB1、

SB2、SB3、SB4 分别控制 5♯、6♯、7♯、8♯引脚,以二进制编码选择输出的频率,且选择固定频率时既有选定的固定频率又带有启动命令把它们组合在一起。使用这种方法最多可以选择 7 个固定频率,各个固定频率的数值的选择方式如表 6-2 所示。

表 6-2　二进制编码选择固定频率表

控制端口 转速设定参数	8♯(P0704＝17)	7♯(P0703＝17)	6♯(P0702＝17)	5♯(P0701＝17)
FF1(P1001)	0	0	0	1
FF2(P1001)	0	0	1	0
FF3(P1003)	0	0	1	1
FF4(P1004)	0	1	0	0
FF5(P1005)	0	1	0	1
FF6(P1006)	0	1	1	0
FF7(P1007)	0	1	1	1
FF8(P1008)	1	0	0	0
FF9(P1009)	1	0	0	1
FF10(P1010)	1	0	1	0
FF11(P1011)	1	0	1	1
FF12(P1012)	1	1	0	0
FF13(P1013)	1	1	0	1
FF14(P1014)	1	1	1	0
FF15(P1015)	1	1	1	1
OFF(停止)	0	0	0	0

6.2　三菱 FR-S500E 变频器应用基础

6.2.1　三菱 FR-S500E 变频器的安装接线与基本设置

　　三菱 FR-S500E 变频器如图 6-20 所示,接线端子功能如图 6-21 所示。主回路接线端子中 L1,L2,L3 为电源输入,连接工频电源。U,V,W 为变频器输出,接三相鼠笼式电动机。"—" 为直流电压公共端,"＋"端和"P1"端连接改善功率因数的直流电抗器。⏚ 为接地,变频器外壳必须接大地。控制回路接线端子功能如表 6-3 所示。

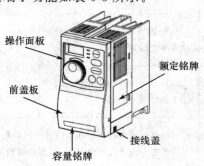

操作面板

额定铭牌

前盖板

容量铭牌

接线盖

图 6-20　三菱 FR-S500E 变频器

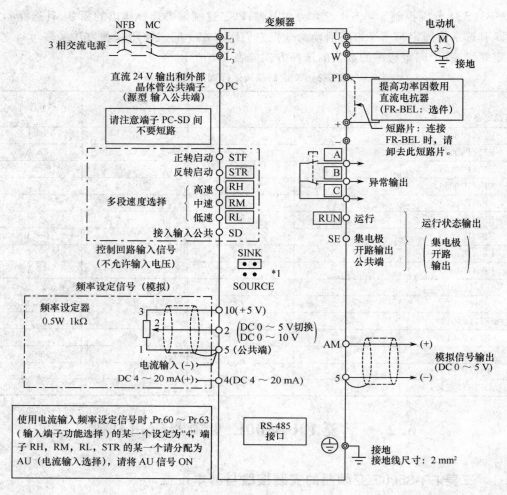

图 6-21　三菱 FR-S500E 变频器接线端子图

表 6-3　控制端子功能

端子记号		端子名称	内　容	
输入信号	接点输入	STF	正转启动	STF 信号 ON 时为正转 OFF 时为停止指令	STF,STR 信号同时为 ON 时为停止
		STR	反转启动	STR 信号 ON 时为反转 OFF 时为停止指令	
		RH RM RL	多段速度选择	可根据端子 RH,RM,RL 信号的短路组合,进行多段速度的选择。速度指令的优先顺序是 JOG,多段速设定(RH,RM,RL,REX),AU 的顺序	
	SD		接点输入公共端	此为接点输入端子(STF,STR,RH,RM,RL)的公共端子	

续表

端子记号			端子名称	内　　　容
输入信号		PC	外部晶体管公共端 DC 24 V 电源接点输入公共端	当连接程序控制器(PLC)之类的晶体管输出(集电极开路输出)时,把晶体管输出用的外部电源接头连接到这个端子上,可防止因回流电流引起的误动作 PC-SD 间的端子可作为 DC24 V 0.1A 的电源使用
		10	频率设定用的电源	DC5 V,允许负荷电流 10 mA
	频率设定	2	频率设定(电压信号)	输入 DC 0~5 V(0~10 V)时,输出成比例;输入 5 V(10 V)时输出为最高频率 5 V/10 V 切换用 Pr.73"0~5 V,0~10 V"选择进行 输入阻抗 10 kΩ,最大允许输入电压为 20 V
		4	频率设定(电流信号)	输入 DC 4~20 mA,出厂时调整为 4 mA 对应 0 Hz,20 mA 对应 50 Hz。 最大容许输入电流为 30 mA 输入阻抗约 250Ω 电流输入时请把信号 AU 设定为 ON AU 信号设定为 ON 时电压输入变为无效 AU 信号用 Pr.60 Pr.63(输入端子功能选择)设定
		5	频率设定公共输入端	此端子为频率设定信号(端子 2,4)及显示计端子"AM"的公共端子
输出信号		A B C	输出报警	指示变频器因保护功能动作而输出停止的转换接点。 AC 230 V 0.3 A ,DC 30 V 0.3A 报警时 B-C 之间不导通(A-C 之间导通) 正常时 B-C 之间导通(A-C 之间不导通)
	集电极开路	运行	变频器运行中	变频器输出频率高于启动频率时(出厂为 0.5 Hz 可变动)为低电平,停止及直流制动时为高电平。允许负荷 DC 24 V 0.1A(ON 时最大电压下降 3.4 V)
		SE	集电极开路公共端	变频器运行时端子 RUN 的公共端子
	模拟	AM	模拟信号输出	从输出频率、电动机电流选择一种作为输出。输出信号与各监示项目的大小成比例
通信		——	RS-485 接头	用参数单元连接电缆,可以连接参数单元

　　FR-S500E 变频器操作面板功能,如图 6-22 所示。

　　面板操作方式如图 6-23 所示。

　　设定频率运行的方法,例如 30 Hz,其操作流程如图 6-24 所示。应注意设定 Pr.53"频率设定操作选择"=0,即设定用旋钮频率设定模式。

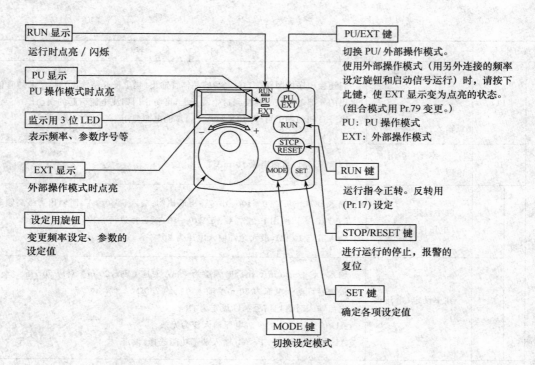

图 6-22 操作面板功能

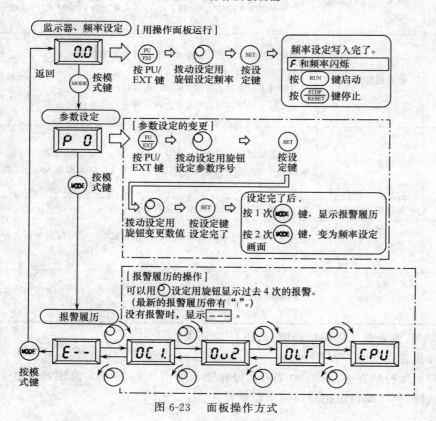

图 6-23 面板操作方式

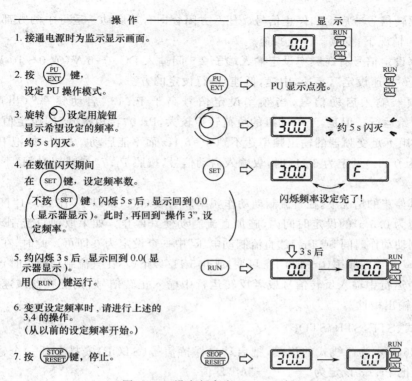

图 6-24 设定频率为 30 Hz 运行

6.2.2 三菱 FR-S500E 变频器开关量控制操作

启动或停止电动机时,首先把变频器的输入电源设为 ON(输入侧有电磁接触器时,把电磁接触器设为 ON)。然后用正转或反转信号进行电动机的启动。

1. 两线式(STF,STR)

如图 6-25 所示为两线式的连接。

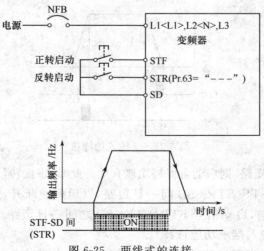

图 6-25 两线式的连接

（1）正反转信号兼启动和停止信号。任一方闭合即有效启动。运行中两方都闭合以及启动信号断开的情况下，变频器停止减速。

（2）频率设定信号有在频率设定输入端子 2-5 间输入 DC 0～5 V（或 0～10 V）的方法和用 Pr.4～Pr.6"3 速设定"（高速，中速，低速）进行设定的方法。

（3）变频器输入启动信号，当频率设定信号高于 Pr.13"启动频率"（出厂时设定为 0.5 Hz）时开始运行。但是，当电动机的负荷转矩较大，Pr.0"转矩提升"的设定值设定得较小时，可能因转矩不足变频器的输出频率达不到 3～6 Hz 而不能启动。另外，如把 Pr.2"下限频率"（出厂值为 0 Hz）设定为 6 Hz 时，仅输入启动信号，按照 Pr.7"加减速时间"下降到下限频率 6 Hz 运行。

（4）使其停止的情况下，在直流制动动作频率以下或 0.5 Hz 以下，在 Pr.11"直流制动动作时间"（出厂值为 0.5 s）的设定时间内，施加直流制动使其停止。如果取消直流制动的功能，把 Pr.11"直流制动动作时间"或 Pr.12"直流制动电压"中一个设定为 0 即可。此时，在 Pr.10"直流制动动作频率"的设定频率（0～120 Hz 可变）或 0.5 Hz 以下（不让直流制动动作时）惯性停止。

（5）正转运行中输入反转信号或者反转运行中输入正转信号，则变频器减速后不经过停止模式，切换输出极性。

2. 3 线式（STF，STR，STOP）

如图 6-26 所示为 3 线式的连接，把启动自保持信号（STOP）安排在任一个输入端子上。反转启动时，把 Pr.63 设定为"－－－"（出厂值）。

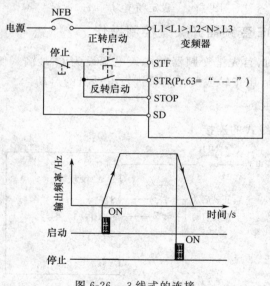

图 6-26　3 线式的连接

（1）把 STOP-SD 间短路，则启动自保持功能有效。此时，正反转信号仅起启动信号的功能。

（2）启动信号端子 STF（STR）-SD 间一旦短路，以后即使断开，启动信号仍被保存，启动运行。如果改变旋转方向，启动信号 STR（STF）-SD 之间一旦短路然后断开。STOP 信号请安排在 Pr.60～Pr.62（输入端子功能选择）。

（3）变频器的停止可以通过信号 STOP-SD 间短路来实现减速停止。频率设定信号以及停止时的直流制动动作与(1)两线式的(2)～(4)一样。图 6-26 表示 3 线式的连接。

（4）如果信号 JOG-SD 间被短路,则 STOP 信号无效,JOG 信号优先。

（5）输出停止信号 MRS-SD 间即使短路,也不能解除自保持功能。

6.2.3　三菱 FR-S500E 变频器模拟量控制操作

模拟的频率设定输入信号可以是电压及电流信号。频率设定输入压力(电流)与输出频率的关系,如图 6-27 所示。频率设定输入信号与输出频率成比例,但是,启动频率较小值的情况下,变频器的输出频率为 0 Hz。输入信号即使超过 DC5V(或 10 V,20 mA)输出也不会超过最大输出频率。

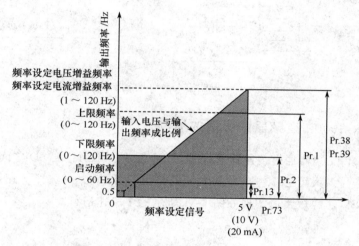

图 6-27　频率设定输入与输出频率的关系

1. 电压输入(10,2,5)

用 DC 0～5 V(或 DC 0～10 V)在频率设定输入端子 2-5 之间输入频率设定输入信号。端子 2-5 之间输入 5 V(10 V)时输出频率为最大。电源可使用变频器内置电源或外部电源,使用内置电源时端子 10-5 间输出 DC 5 V。

用 DC 0～5 V 运行时,把 Pr.73 设定为"0"则为 DC 0～5 V 输入。内置电源使用端子 10,接线方式如图 6-28 所示。

在 DC 0～10 V 运行时,把 Pr.73 设定为"1"则为 DC 0～10 V 输入,接线方式如图 6-29 所示。

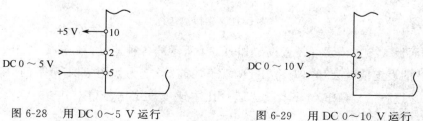

图 6-28　用 DC 0～5 V 运行　　　　图 6-29　用 DC 0～10 V 运行

2. 电流输入(4,5,AU)

风扇、泵等需要对压力、温度进行一定的控制运行时,把调节计的输出信号 DC 4~20 mA 输入到端子 4-5 之间可实现自动运行。用 DC 4~20 mA 信号运行时,必须把信号 AU-SD 间短接,如图 6-30 所示(信号 AU Pr.60~Pr.63 处)。注意:在多段速信号输入的状态下,电流输入无效。

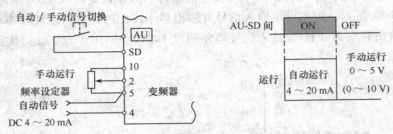

图 6-30 电流输入手动-自动切换

6.2.4 三菱 FR-S500E 变频器的多段速控制

三菱 FR-S500E 变频器通过多段速选择端子 REX、RH、RM、RL-SD 之间的短路组合,外部指令正转启动信号最大可达 15 速,外部指令反转启动时,最大可选择 7 速。通过启动信号端子 STF(STR)-SD 之间短路可实现如图 6-31 所示的多段速运行。

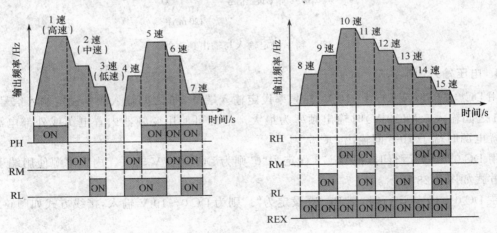

图 6-31 多段速运行

用操作面板或参数单元可任意设定如表 6-4 所示的各种速度(频率)。把 Pr.63"STR 端子功能选择"的设定值变为"8",即将"STR 端子功能"设定为如图 6-31 所示的"REX"信号功能,定义 15 速选择信号(REX)。多段速运行比主速度设定信号(DC 0~5 V,0~10 V,4~20 mA)具有控制的优先级。

表 6-4　多段速设定

速度	端字输入				参数	设定频率范围	备　注
	REX-SD	RH-SD	RM-SD	RL-SD			
1速（高速）	OFF	ON	OFF	OFF	Pr. 4	0～120 Hz	—
2速（中速）	OFF	OFF	ON	OFF	Pr. 5	0～120 Hz	—
3速（中速）	OFF	OFF	OFF	ON	Pr. 6	0～120 Hz	—
4速	OFF	OFF	ON	ON	Pr. 24		Pr. 24＝"－－－"时为 Pr. 6 的设定值
5速	OFF	ON	OFF	ON	Pr. 25		Pr. 25＝"－－－"时为 Pr. 6 的设定值
6速	OFF	ON	ON	OFF	Pr. 26		Pr. 26＝"－－－"时为 Pr. 5 的设定值
7速	OFF	ON	ON	ON	Pr. 27		Pr. 27＝"－－－"时为 Pr. 6 的设定值
8速	ON	OFF	OFF	OFF	Pr. 80		Pr. 80＝"－－－"时为 0 Hz
9速	ON	OFF	OFF	ON	Pr. 81	0～120 Hz	Pr. 81＝"－－－"时为 Pr. 6 的设定值
10速	ON	OFF	ON	OFF	Pr. 82		Pr. 82＝"－－－"时为 Pr. 5 的设定值
11速	ON	OFF	ON	ON	Pr. 83		Pr. 83＝"－－－"时为 Pr. 6 的设定值
12速	ON	ON	OFF	OFF	Pr. 84		Pr. 84＝"－－－"时为 Pr. 4 的设定值
13速	ON	ON	OFF	ON	Pr. 85		Pr. 85＝"－－－"时为 Pr. 6 的设定值
14速	ON	ON	ON	ON	Pr. 86		Pr. 86＝"－－－"时为 Pr. 5 的设定值
15速	ON	ON	ON	ON	Pr. 87		Pr. 87＝"－－－"时为 Pr. 6 的设定值
外部设定	OFF	OFF	OFF	OFF	频率设定器	0～设定最大值	—

如图 6-32 所示为多段速运行的接线方式。注意：连接频率设定器时，如果多段速选择信号为 ON，则频率设定器的输入信号视为无效（4～20 mA 输入信号时也同样）。反转启动时 Pr. 63＝"－－－"（出厂值），应把端子 STR 的 STR 信号设定为有效。

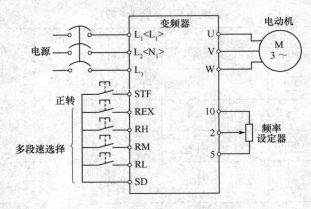

图 6-32　多段速运行的接线例

6.3　松下 VF0 变频器应用基础

6.3.1　VF0 变频器的安装、接线与操作面板

通常松下 VF0 变频器在控制柜中应垂直安装，如图 6-33（a）所示。其安装位置在控制柜中应保证周围空间，如图 6-33（b）所示。

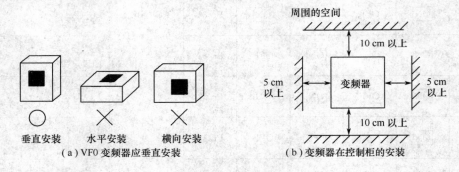

图 6-33　变频器的安装

安装注意事项如下：

① 应安装在金属等不易燃物体上，以避免发生火灾。

② 请勿置于可燃物品附近，以避免发生火灾。

③ 搬运时请勿手持端子外壳。以免发生掉落而受伤。

④ 不要让金属屑等异物落入壳内以避免发生火灾。

⑤ 安装上请根据使用说明书安装在能够耐受其质量的场所，以避免掉落而受伤。

⑥ 请勿安装和运行有损坏或缺少部件的变频器，以避免受伤。

⑦ 设置在发热物体附近或置于箱内，会使变频器的周围温度变高，而降低寿命。如一定要置于箱内，则应充分考虑冷却方法和箱的尺寸。

⑧ 允许周围温度范围：$-10 \sim +50\,^\circ\!\mathrm{C}$。

图 6-34 为 VF0 接线端子图。其中 1♯、2♯ 为输出控制电压，1♯ 为＋10 V 电压，2♯ 为 0 V 电压；3♯ 为模拟量输入"＋"端；4♯ 为模拟量输入"－"端；5♯、6♯、7♯ 为开关量输入端；8♯ 输出开关量控制电压＋24 V；9♯ 为开关量外接控制电源的接地端；10♯、11♯ 为内部继电器对外输出的常开触点；12♯、13♯ 为输出的 A/D 信号端；14♯、15♯ 为 RS-485 通信端口。VF0 变频器接线端子功能如表 6-5 所示。

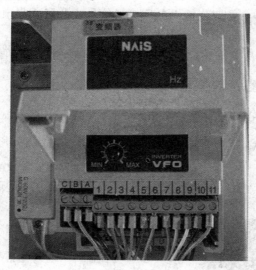

图 6-34　VF0 接线端子图

表 6-5　**VF0 变频器接线端子功能表**

端子 NO.	端子功能
1	频率设定用电位器连接端子(＋5 V)
2	频率设定模拟信号的输入端子
3	输入信号(1♯、2♯、4♯、5♯、6♯、7♯、8♯、9♯)的公用端子
4	多功能模拟信号输出端子(0～5 V)
5	运行/停止、正转运行信号的输入端子
6	正转/反转、反转运行信号的输入端子
7	多功能控制信号 SW1 的输入端子
8	多功能控制信号 SW2 的输入端子 PWM 控制的切换输入端子
9	多功能控制信号 SW3 的输入端子 PWM 控制的信号输入端子
10	开路式集电极输出端子(C:集电极)
11	开路式集电极输出端子(E:发射极)
A	继电器接点输出端子(NO:常开触点)
B	继电器接点输出端子(NC:常闭触点)
C	继电器接点输出端子(COM)

在接线时还应注意以下几个问题：

①控制信号线应使用屏蔽线，并与动力线和强电电路分离布线，距离保持在 20 cm 以上。

②控制信号线的接线长度应保持在 30 m 以下。

③因为控制电路的输入信号为小信号，为防止接点输入时接触不良，可将两个小信号接点并列，使用双接点。

④在控制端子 5♯～9♯处应连接无电压接点信号或开路式集电极信号，若外部施加电压会导致故障产生。

⑤用开路式集电极输出驱动感应负荷时，一定要连接旁路二极管。

6.3.2 VF0 变频器参数设置方法

1. VF0 变频器操作面板

VF0 基本操作板 BOP，如图 6-35 所示，各按键的作用如表 6-6 所示。

图 6-35 基本操作面板
BOP 上的按键

表 6-6 基本操作面板 BOP 上的按键的作用

显示/按钮	功能	说　　明
显示部位	状态显示	显示输出频率、电流、线速度、异常内容、设定功能时的数据及参数 NO.
RUN	运行键	使变频器运行
STOP	停止键	使变频器停止
MODE	模式键	切换"输出频率·电流显示"、"频率设定、监控"、"旋转方向设定"、"功能设定"等各种模式以及将数据显示切换为模式显示
SET	设定键	切换模式和数据显示以及存储数据。在"输出频率·电流显示"模式下，进行频率和电流显示的切换
▲	上升键	改变数据或输出频率以及利用操作面板使其正转运行时，用于设定正转方向
▼	下降键	改变数据或输出频率以及利用操作面板使其反转运行时，用于设定反转方向
〔旋钮〕	频率设定钮	用操作面板设定运行频率使用的旋钮

2. VF0 变频器参数设置方法

例如：将参数 P08 设置值由默认的 0 改为 2 操作流程。

(1) 变频器加电后面板显示如图 6-36 所示。

(2) 按模式键(MODE 键)三次，LED 显示器显示 P01，如图 6-37 所示。

(3) 按上升键(△键)，直到 LED 显示器显示 P08，如图 6-38 所示。

(4) 按设定键(SET 键)，LED 显示器显示 P08 参数默认的数值 0，如图 6-39 所示。

图 6-36　加电后面板显示

图 6-37　操作步骤(2)

图 6-38　操作步骤(3)

(5) 按上升键(△键),直到 LED 显示器显示值会增大,当到 2 时,如图 6-40 所示。

(6) 当达到设置的数值时,按设定键(SET 键)确认当前设定值,如图 6-41 所示。

图 6-39　操作步骤(4)

图 6-40　操作步骤(5)

图 6-41　操作步骤(6)

(7) 按设定键(SET 键)后,LED 显示器显示 P09,此时 P08 参数的数值被修改成 2,如图 6-42 所示。

(8) 按照上述步骤可对变频器的其他参数进行设置。

(9) 当所有参数设置完毕后,可按模式键(MODE 键)返回,如图 6-43 所示。

(10) 按模式键(MODE 键)后,面板显示 000,如图 6-44 所示。

图 6-42　操作步骤(7)

图 6-43　操作步骤(9)

图 6-44　操作步骤(10)

6.3.3　常用参数简介

1. 第一加速时间参数 P01

功能：可设定从 0.5 Hz 到最大输出频率的加速时间。

说明：设定 0.04 s 时，显示"000"。

设定范围：0.04(0.1)～999

2. 第一减速时间参数 P02

功能：可设定从最大输出频率到 0.5 Hz 的减速时间。

说明：设定 0.04 s 时，显示"000"。

设定范围：0.04(0.1)～999。

注意：最大输出频率可用参数 P03、P15 进行设定。

3. V/F 方式参数 P03

功能：在最大输出频率(50～250 Hz)之中，可单独设定 50～60 Hz 和 50～250 Hz 的 V/F 方式。

设定数值：50、60、FF。

P03＝50　　50 Hz 模式。

P03＝60　　60 Hz 模式。

P03＝FF　　自由模式。

注意：(1)50 Hz 模式时，最大输出频率＝基底频率＝50 Hz。

(2)60 Hz 模式时，最大输出频率＝基底频率＝60 Hz。

(3)自由模式时，可用 P15 设定最大输出频率，P16 设置基底频率。

4. V/F 曲线参数 P04

功能：选择设定恒定转矩模式和平方转矩模式。

设定数值：0、1。

P04＝0　　恒定转矩模式，用于机械类负载。

P04＝1　　平方转矩模式，用于风机、泵类负载。

5. 力矩提升参数 P05

功能：设定与负荷特性相应的力矩提升。

设定范围：0～40。

6. 选择电子热敏功能参数 P06

功能：设定选择电子热敏功能。

设定数值：0、1、2、3。

P06＝0　　无设定功能，但在变频器额定电流的 140% 电流下 1 min 则会显示 OL 跳闸。

P06＝1　　有设定功能，输出频率不降低。

P06＝2　　有设定功能，输出频率降低。

P06＝3　　有设定功能，强制风冷电动机规格。

7. 设定热敏继电器电流参数 P07

功能:设定电流×100% 不动作;设定电流×125% 动作。

设定范围:0.1～100。

8. 选择运行指令参数 P08

功能:可选择用操作面板或用外控操作的输入信号来进行运行/停止和正转/反转。

设定范围:0、1、2、3、4、5。各自含义如表 6-7 所示。

表 6-7 选择运行指令参数 P08

设定参数	控制方式	操作面板复位功能	操作方法,控制端子连接图
0	面板控制	有	运行:RUN;停止:STOP;正转/反转:用 dr 模式设定
1			正转运行:▲RUN;反转运行:▼RUN;停止:STOP
2	外部端口控制	无	3 ⌐ 共用端子 5 ON:运行/OFF:停止 6 ON:反转/OFF:正转
4		有	
3		无	3 ⌐ 共用端子 5 ON:正转运行/OFF:停止 6 ON:反转运行/OFF:停止
5		有	

9. 频率设定信号参数 P09

功能:可选择利用面板操作或外部操作的输入信号来进行频率设定信号的操作。

设定范围:0、1、2、3、4、5。各自含义如表 6-8 所示。

表 6-8 频率设定信号参数 P09

设定参数	控制方式	设定信号内容	操 作 方 法
0	面板控制	电位器设定	频率设定旋钮:Max——最大频率,Min——最低频率
1		数字设定	用 MODE、▲、▼、SET 键,利用"Fr 模式"进行设定
2	外部端口控制	电位器	端子 1#、2#、3#,将电位器中心抽头接 2#
4		0～5 V 电压信号	端子 2#(+)、3#(-)
3		0～10 V 电压信号	端子 2#(+)、3#(-)
5		4～20 mA 电流信号	端子 2#(+)、3#(-),在 2#、3# 之间连接 200Ω 电阻

10. 反转锁定参数 P10

功能:禁止反转运行。

设定数值:0、1。

P10＝0　能够反转运行。

P10＝1　禁止反转运行。

11. 停止模式参数 P11

功能:选择减速停止或惯性停止。

设定数值:0、1。

P11＝0　减速停止,依据停止信号根据减速时间来降低频率后停止。

P11＝1　惯性停止,依据停止信号即刻停止变频器的输出。

12. 停止频率参数 P12

功能:减速停止变频器时,可设定停止变频器输出的频率。

设定范围:0.5～60。

13. DC 制动时间参数 P13

功能:设定直流制动时间。

设定范围:000·0.1～120。

说明:设定为 000 时,无直流制动功能。

14. DC 制动水平参数 P14

功能:设定直流制动水平。

设定范围:0～100。

说明:设定单位为 5 刻度,数值越大制动力越大。

15. SW1 功能选择参数 P19

功能:设定控制 7♯端子的控制功能。

设定范围:0～7。

P19＝0　多速 SW1 输入。

P19＝1　输入复位。

P19＝2　输入复位锁定。

P19＝3　输入点动选择。

P19＝4　输入外部异常停止。

P19＝5　输入惯性停止。

P19＝6　输入频率信号切换。

P19＝7　输入第二特征选择。

16. SW2 功能选择参数 P20

功能:设定控制 8♯端子的控制功能。

设定范围:0～7。

P20＝0　多速 SW1 输入。

P20＝1　输入复位。

P20＝2　输入复位锁定。

P20＝3　输入点动选择。

P20＝4　输入外部异常停止。

P20＝5　输入惯性停止。

P20＝6　输入频率信号切换。

P20＝7　输入第二特征选择。

17. SW3 功能选择参数 P21

功能：设定控制 9♯端子的控制功能。

设定范围：0～8。

P21＝0　多速 SW1 输入。

P21＝1　输入复位。

P21＝2　输入复位锁定。

P21＝3　输入点动选择。

P21＝4　输入外部异常停止。

P21＝5　输入惯性停止。

P21＝6　输入频率信号切换。

P21＝7　输入第二特征选择。

P21＝8　设定频率▲、▼。

18. 点动频率参数 P29

功能：设定点动运行频率。

设定范围：0.5～250。

19. 点动加速时间参数 P30

功能：设定点动加速时间。

说明：设定 0.04 s 时，显示"000"。

设定范围：0.04(0.1)～999。

20. 点动减速时间参数 P31

功能：设定点动减速时间。

说明：设定 0.04 s 时，显示"000"。

设定范围：0.04(0.1)～999。

21. 第 2～8 速频率参数 P32～P38

功能：设定第 2～8 速频率值。

设定范围：0.00・0.5～250。

说明：设定 000 时，为 0 位螺栓制动。

22. 初始化参数 P66

功能：将设定数据恢复出厂值。

设定数值：0、1。

P66＝0　显示通常状态的数据值。

P66＝1　将所有数据恢复出厂设置。

6.3.4 VF0 变频器操作步骤

设变频器外部接线如图 6-45 所示。其基本操作控制如下：

1. 将变频器复位为工厂的缺省设定值

设定 P66＝1　　恢复出厂设置。

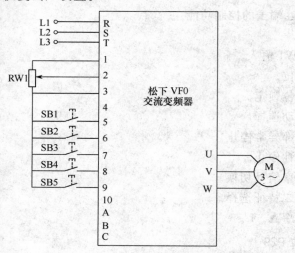

图 6-45　常用的 VF0 变频器接线原理图

2. 面板控制

（1）P08＝0　　面板控制，运行：RUN；停止：STOP；正转/反转：用 dr 模式设定。

（2）P09＝0　　电位器设定，频率设定旋钮：Max——最大频率，Min——最低频率。

（3）正转运行如图 6-46 所示。

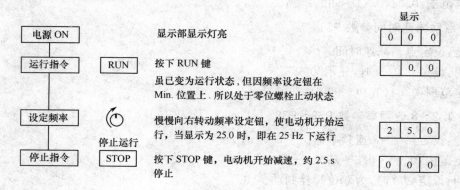

图 6-46　面板控制 25 Hz 正转运行操作流程

（4）反转运行如图 6-47 所示。

3. 外部端口控制

（1）将运行/停止、正转/反转变为外部端口控制，即参数 P08 设置不同时，对应端口的功

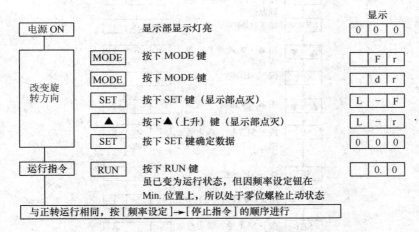

图 6-47　面板控制 25 Hz 反转运行操作流程

能也不同，如图 6-48 所示。

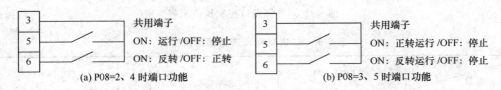

图 6-48　外部端口控制功能

（2）将频率设定信号变为外控电位器控制，将参数 P09 的数据由"0"改为"2"。

（3）完成数据设定后即可进入运行的状态，具体设置如图 6-49 所示。

4. 多段速频率控制

（1）设置变频器为外部端口控制方式。

（2）P19＝0　　　　　7♯端子为多速 SW1 输入功能

（3）P20＝0　　　　　8♯端子为多速 SW2 输入功能

（4）P21＝0　　　　　9♯端子为多速 SW3 输入功能

（5）P32＝15　　　　第二段固定频率为－15 Hz

（6）P33＝10　　　　第三段固定频率为 10 Hz

（7）P34＝30　　　　第四段固定频率为 30 Hz

（8）P35＝18　　　　第五段固定频率为 18 Hz

（9）P36＝36　　　　第六段固定频率为 30 Hz

（10）P37＝20　　　第七段固定频率为 20 Hz

（11）P38＝－32　　第八段固定频率为－32 Hz

（12）按下 SB3（7♯引脚）、SB4（8♯引脚）、SB5（9♯引脚）不同组合方式，选择 P32～P38 所设置的频率，如表 6-9 所示。第 1 速为 P09 所设定的频率设定信号的指令值。

图 6-49   外部端口控制操作流程

表 6-9   二进制编码选择固定频率表

控制端口 转速设定参数	9♯(P21＝0)	8♯(P20＝0)	7♯(P19＝0)
第 1 速	0	0	0
第 2 速(P32)	0	0	1
第 3 速(P33)	0	1	0
第 4 速(P34)	0	1	1
第 5 速(P35)	1	0	0
第 6 速(P36)	1	0	1
第 7 速(P37)	1	1	0
第 8 速(P38)	1	1	1

习   题

判断题

1. 西门子 MM440 变频器具有两个模拟量输入口。   (   )

2. 西门子 MM440 变频器当模拟输入作为数字输入时,电压门限值如下:1V DC ＝ OFF,3V DC ＝ ON。

（   ）

3. 使用西门子 MM440 变频器当电动机为丫形接法时,设定为 U_N,电动机为△形接法时,设定为 $U_N/\sqrt{3}$,以保证电动机的相电压。   (   )

4. 使用西门子 MM440 变频器当电动机为丫形接法时,设定为 I_N,电动机为△形接法时,设定为 $\sqrt{3}I_N$,以保证电动机的相电流。   (   )

5. 西门子 MM440 变频器功能参数 P0702 用于 2 选择数字输入 2(7♯引脚)的引脚功能。 （　　）

6. 西门子 MM440 变频器频率设定值的选择参数 P1000＝1 表示模拟设定值。 （　　）

7. 西门子 MM440 变频器多段速选择端子 5、6、7、8 之间的组合，外部指令最大可达 16 速。 （　　）

8. 三菱 FR-S500E 变频器 STF 端用于反转启动。 （　　）

9. 三菱 FR-S500E 变频器输入启动信号，当频率设定信号高于 Pr.13"启动频率"(出厂时设定为 0.5 Hz) 时开始运行。 （　　）

10. 三菱 FR-S500E 变频器如果信号 JOG-SD 间被短路，则 STOP 信号无效，JOG 信号优先。 （　　）

11. 三菱 FR-S500E 变频器用 DC 0～5 V(或 DC 0～10 V)在频率设定输入端子 2-5 之间输入频率设定输入信号。 （　　）

12. 三菱 FR-S500E 变频器通过多段速选择端子 REX、RH、RM、RL-SD 之间的短路组合，外部指令正转启动信号最大可达 15 速，外部指令反转启动时，最大可选择 7 速。 （　　）

13. 松下 VF0 变频器频率设定信号参数 P09＝2 表示外部端口控制。 （　　）

14. 松下 VF0 变频器设定 P66＝0 表示恢复出厂设置。 （　　）

15. 松下 VF0 变频器的 4♯、5♯ 为 RS-485 通信端口。 （　　）

16. 松下 VF0 变频器多段速选择端子 7、8、9 之间的组合，外部指令最大可达 8 速。 （　　）

第7章　交流调压调速与串级调速系统

7.1　交流调压调速及应用

7.1.1　普通交流电动机调压调速的机械特性

调压调速即通过调节通入异步电动机的三相交流电压大小来调节转子转速的方法。理论依据来自异步电动机的机械特性方程

$$T_e = \frac{3pU_1^2 R'_2/s}{\omega_1 \left[\left(R_1 + \frac{R'_2}{s} \right)^2 + \omega_1^2 (L_{l1} + L'_{l2})^2 \right]} \tag{7-1}$$

式中　R_1——定子每相电阻；

　　　R_2——折合到定子侧的转子每相电阻；

　　　L_{l1}——定子每相漏感；

　　　L_{l2}——折合到定子侧的转子每相漏感；

　　　U_1——定子相电压；

　　　ω_1——供电角频率；

　　　s——转差率。

因异步电动机的拖动转矩与供电电压的平方成正比，因此降低供电电压，拖动转矩就减小，电动机就会降到较低的运行速度。

将式(7-1)对 s 求导，并令 $\dfrac{dT_e}{ds} = 0$，可求出对应于最大转矩时的静差率和最大转矩

$$s_m = \frac{R'_2}{\sqrt{R_1^2 + \omega_1^2 (L_{l1} + L'_{l2})^2}} \tag{7-2}$$

将上式的 s_m 代入式(7-1)

$$T_{emax} = \frac{3pU_s^2}{2\omega_1 [R_1 + \sqrt{R_1^2 + \omega_1^2 (L_{l1} + L'_{l2})^2}]} \tag{7-3}$$

不同电压下的机械特性，如图 7-1 所示，图中垂直虚线为恒转矩负载线，可以看出调压调速对于恒转矩负载，调速范围很小(A-B-C)，而对于风机类负载调速范围较大(F-E-D)。

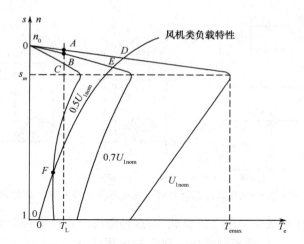

图 7-1　异步电动机不同电压下的机械特性

7.1.2　异步电动机调压调速方法

1. 常用调压调速方法

通常调压调速有以下三种方法：

（1）使用自耦调压器。适用于小容量电动机，但自耦调压器体积重，质量大，如图 7-2（a）所示。

（2）使用饱和电抗器。适用于控制铁心电感的饱和程度改变串联阻抗，体积、质量大，如图 7-2（b）所示。

（3）使用晶闸管三相交流调压器。适用于用电力电子装置调压调速，体积小、轻便，如图 7-2（c）所示。

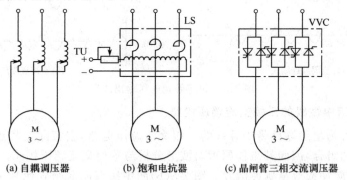

图 7-2　常用调压调速方法

2. 单相晶闸管交流调压器

对电力电子电路中的晶闸管元器件，有两种控制方式，现以晶闸管单相交流调压器电路为例来加以说明。如图 7-3 所示，交流调压器一般用晶闸管反并联或双向晶闸管分别串接在电路中，主电路接法有多种方案，用相位控制改变输出电压。

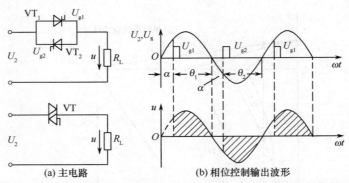

(a) 主电路 (b) 相位控制输出波形

图 7-3 单相交流调压器电阻性负载交流调压主电路和相位控制输出波形

通常相位控制方式更适合于电动机负载,但这种触发方式使电路中的正弦波形出现缺角,包含较大的高次谐波。所以,移相触发使晶闸管的应用受到了一定的限制。为了克服这一缺点,可采用过零触发方式,或称为零触发。

如果使晶闸管交流开关在端电压过零后触发,并借助于负载电流过零时低于维持电流而自然关断,就可以使电路波形为正弦整周期形式。这种方式可以避免高次谐波的产生,减少开关对电源的电磁干扰。这种触发方式称为过零触发方式。如图 7-4 所示,图中根据控制策略的不同,输出波形有全周波连续式如图 7-4(a)所示、全周波断续式如图 7-4(b)所示。

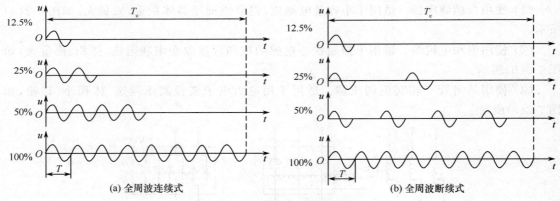

(a) 全周波连续式 (b) 全周波断续式

图 7-4 过零触发电压输出波形

3. 星形联结带中性线的三相交流调压电路

图 7-5(a)所示为星形联结带中性线的三相交流调压电路,它实际上相当于三个单相反并联交流调压电路的组合,因而其工作原理与波形分析与单相交流调压相同。另外,由于其有中性线,故不需要宽脉冲或双窄脉冲触发。图 7-5(b)图中用双向晶闸管代替了图 7-5(a)图中普通反并联晶闸管,其工作过程分析与图 7-5(a)类似,不过由于所用元器件少,触发电路简单,因而装置的成本和体积都有所减小。

需要说明中性线中的高次谐波电流问题。如果各相正弦波均为完整波形,与一般的三相交流电路一样,由于各相电流相位互差 120°,中性线上电流为零。但在交流调压电路中,各相电流的波形为缺角正弦波,这种波形包含有高次谐波,主要是三次谐波电流,而且各相的三次谐波电流之间并没有相位差,因此,它们在中性线中叠加之后,在中性线中产生的电流是每相

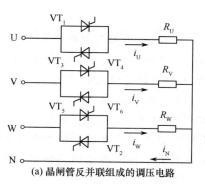

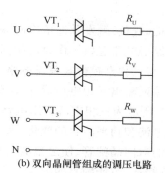

(a) 晶闸管反并联组成的调压电路　　(b) 双向晶闸管组成的调压电路

图 7-5　星形联结带中性线的三相交流调压电路

中三次谐波电流的 3 倍。特别是当 α＝90°时三次谐波电流最大,中性线电流近似为额定相电流。当三相不平衡时,中性线电流更大。因此,这种电路要求中性线的截面较大。

不论单相还是三相调压电路,都是从相电压由负变正的零点处开始计算 α 的,这一点与三相整流电路不同。

4. 三相交流调压电路其他连接方式

图 7-6(a)所示为三相三线交流调压电路。这种电路的负载可以接成星形或三角形,触发电路与三相全控桥整流电路一样,应采用宽脉冲或双窄脉冲。

图 7-6(b)所示为晶闸管与负载接成三角形的三相交流调压电路。其特点是晶闸管串接在负载三角形内,流过的是相电流,即在相同线电流情况下,晶闸管的容量可降低。三角形内部存在高次谐波,但线电流中却不存在三次谐波分量,因此对电源的影响较小。

图 7-6(c),要求负载是 3 个分得开的单元,用△联结的 3 个晶闸管来代替Y形联结负载的中性点。由于构成中性的 3 个晶闸管只能单向导电,因此导电情况比较特殊。其输出电流出现正负半周波形不对称,但其与横轴围成图形面积是相等的,所以没有直流分量。

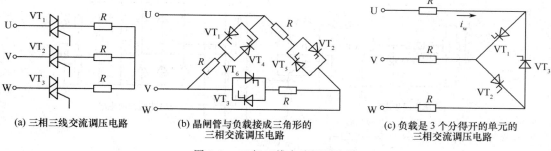

(a) 三相三线交流调压电路　　(b) 晶闸管与负载接成三角形的　　(c) 负载是 3 个分得开的单元的
　　　　　　　　　　　　　　　　三相交流调压电路　　　　　　　　三相交流调压电路

图 7-6　三相三线交流调压电路

此种电路使用元器件少,触发电路简单,但由于电流波形正负半周不对称,故存在偶次谐波,对电源影响较大。

以图 7-6(a)所示电路为例说明三相交流调压电路正常工作时对触发电路的要求。对于用反并联晶闸管或双向晶闸管作为开关元器件,分别接至负载就构成了三相全波星形联结的调压电路,通过改变触发脉冲的相位控制角 α,便可以控制加在负载上的电压大小。对于不带零线的调压电路,为使三相电流构成通路,任何时刻至少有两个晶闸管同时导通。为此对触发电路的要求是：

①三相正（或负）触发脉冲依次间隔120°，而每一相正、负触发脉冲间隔180°。

②为了保证电路起始工作时两相同时导通，以及在感性负载和控制角较大时，仍能保证两相同时导通，与三相全控桥式整流电路一样，要求采用双脉冲或宽脉冲（大于60°）。

③为了保证输出三相电压对称，应保证触发脉冲与电源电压同步。

如图7-7所示为三相交流调压电路在电动机节能控制中的应用。由于电动机负载的变化将主要引起电流和功率因数的变化，因此可以用检测电流或功率因数的变化来控制串接在电动机绕组中的双向晶闸管，使之根据电动机的负载的大小自动调整电动机的端电压与负载匹配，达到降低损耗、节能的目的。

主电路为三相三线交流调压电路。控制电路以单片微机为核心，检测主电路的信号经处理后产生移相脉冲，调节电动机的端电压。

图7-8(a)所示采用单相同步电路，即每隔360°相位角产生一个同步信号给单片微机，通过单片微机的软件处理和内部定时器定时，送出间隔60°的脉冲信号，通过图7-8(c)所示的隔离放大电路控制晶闸管通断。

图7-8(b)所示为电流检测电路，用交流互感器作检测元器件，由交流互感器检测到的三相交流电流经三相桥式整流、电容滤波、电阻分压，可得0～5 V的直流电压信号，经（A/D 转换后送给单片微机与同步信号比较处理，改变输出脉冲的相位，实现自动调压、节能的目的。

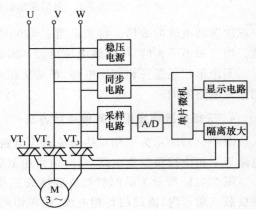

图 7-7　三相交流调压电路在
电机节能控制中的应用

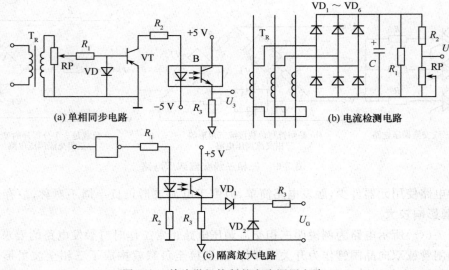

图 7-8　单片微机控制的交流调压电路

7.1.3 转速闭环调压调速系统

1. 高转子绕组交流电动机调压调速的机械特性

为了能在恒转矩负载下扩大调速范围,并使电动机能在较低转速下运行而不致过热,就要求电动机转子有较高的电阻值,电动机在变电压时的机械特性,如图 7-9 所示。显然,带恒转矩负载时的变压调速范围增大了,堵转工作也不致烧坏电动机,这种电动机又称作交流力矩电动机。

2. 闭环控制的交流调压调速系统

由于异步电动机的开环机械特性很软,且开环调压调速的调速范围太小,因此调压调速需要采用闭环调速系统。为此,对于恒转矩性质的负载,要求调速范围 $D \geqslant 2$ 时,往往采用带转速反馈的闭环控制系统,如图 7-10 所示。

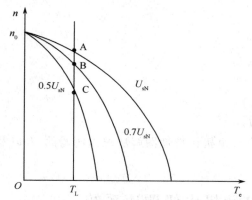

图 7-9　高转子电阻电动机在不同
电压下的机械特性

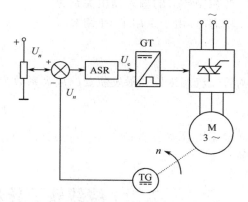

图 7-10　带转速负反馈闭环控制的
交流变压调速系统

图 7-11 所示的是闭环控制变压调速系统的静特性曲线。当系统带负载在 A 点运行时,如果负载增大将引起转速下降,反馈控制作用能提高定子电压,从而在右边一条机械特性曲线上找到新的工作点 A'。同理,当负载降低时,会在左边一条特性曲线上得到定子电压低一些的工作点 A''。按照反馈控制规律,将 A''、A、A' 连接起来便是闭环系统的静特性。尽管异步电动机的开环机械特性和直流电动机的开环特性差别很大,但是在不同电压的开环机械特性上各取一个相应的工作点,连接起来便得到闭环系统静特性,这样的分析方法对两种电动机是完全一致的。尽管异步力矩电动机的机械特性很软,但由系统放大系数决定的闭环系统静特性却可以很硬。

如果采用 PI 调节器,照样可以做到无静差。改变给定信号,则静特性平行地上下移动,达到调速的目的。

变压调速系统的特点:异步电动机闭环变压调速系统不同于直流电动机闭环变压调速系统的,其静特性左右两边都有极限,不能无限延长,它们是额定电压 U_{1N} 下的机械特性和最小输出电压下 $U_{1\min}$ 的机械特性。

当负载变化时,如果电压调节到极限值,闭环系统便失去控制能力,系统的工作点只能沿着极限开环特性变化。如图 7-12 所示,为调压调速系统的静态框图。

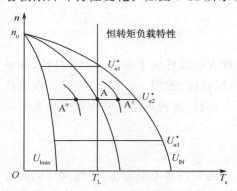

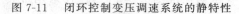

图 7-11 闭环控制变压调速系统的静特性

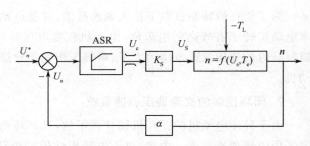

图 7-12 调压调速系统的静态框图

各控制环节的输入输出关系为

稳态时,由于采用了 PI 调节器

$$U_n^* = U_n = \alpha n \tag{7-4}$$

$$T_e = T_L \tag{7-5}$$

晶闸管交流调压器和触发装置的放大系数为

$$K_S = \frac{U_S}{U_c} \tag{7-6}$$

根据负载需要的 n 和 T_L 可由式(7-1)计算出或由机械特性图解法求出所需的 U_1 以及相应的 U_c。

7.2 绕线转子异步电动机串级调速系统

7.2.1 转差功率问题

转差功率始终是研究异步电动机调速方法时所关心的问题,因为节约电能是异步电动机调速的主要目的之一,而如何处理转差功率又在很大程度上影响着调速系统的效率。

交流调速系统按转差功率的处理方式可分为三种类型。

(1) 转差功率消耗型——异步电动机采用调压控制等调速方式,转速越低时,转差功率的消耗越大,效率越低,但这类系统的结构简单,设备成本最低,所以还有一定的应用价值。

(2) 转差功率不变型——变频调速方法转差功率很小,而且不随转速变化,效率较高,但在定子电路中须配备与电动机容量相当的变压变频器,相比之下,设备成本最高。

(3) 转差功率馈送型——控制绕线转子异步电动机的转子电压,利用其转差功率并达到调节转速的目的,这种调节方式具有良好的调速性能和效率,但要增加一些设备。

7.2.2 异步电动机双馈调速工作原理

1. 转差功率的利用

众所周知,作为异步电动机,必然有转差功率,要提高调速系统的效率,除了尽量减小转差功率外,还可以考虑如何去利用它。但要利用转差功率,就必须使异步电动机的转子绕组有与外界实现电气联结的条件,显然鼠笼式电动机难以胜任,只有绕线转子电动机才能做到。

　　绕线转子异步电动机结构如图 7-13 所示,从广义上讲,定子功率和转差功率可以分别向定子和转子馈入,也可以从定子或转子输出,故称作双馈电动机。

　　根据电机理论,改变转子电路的串接电阻,可以改变电动机的转速。转子串电阻调速的原理如图 7-14 所示,调速过程中,转差功率完全消耗在转子电阻上。

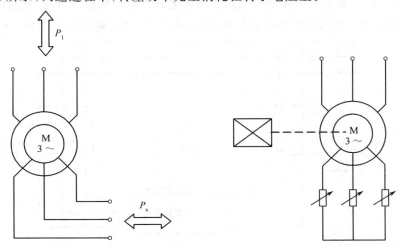

图 7-13　绕线转子异步电动机结构　　　图 7-14　转子串电阻调速的原理图

2. 双馈调速的概念

　　所谓"双馈",就是指把绕线转子异步电机的定子绕组与交流电网连接,转子绕组与其他含电动势的电路相连接,使它们可以进行电功率的相互传递。

　　至于电功率是馈入定子绕组和(或)转子绕组,还是由定子绕组和(或)转子绕组馈出,则要视电动机的工作情况而定。双馈调速的基本结构,如图 7-15 所示。

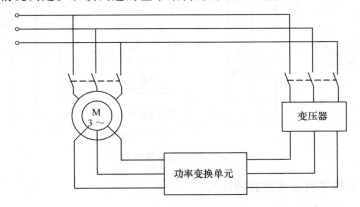

图 7-15　双馈调速的基本结构

　　如图 7-15 所示,在双馈调速工作时,除了电动机定子侧与交流电网直接连接外,转子侧也要与交流电网或外接电动势相连,从电路拓扑结构上看,可认为是在转子绕组回路中附加一个交流电动势。

由于转子电动势与电流的频率随转速变化，即 $f_2 = sf_1$，因此必须通过功率变换单元对不同频率的电功率进行电能变换。对于双馈系统来说，功率变换单元应该由双向变频器构成，以实现功率的双向传递。

3. 双馈调速的功率传输

（1）转差功率输出状态。异步电动机由电网供电并以电动状态运行时，它从电网输入（馈入）电功率，而在其轴上输出机械功率给负载，以拖动负载运行，如图 7-16 所示。

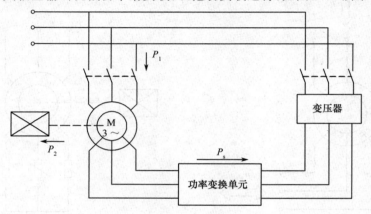

图 7-16 转差功率输出状态

（2）转差功率输入状态。当电机以发电状态运行时，它被拖着运转，从轴上输入机械功率，经机电能量变换后以电功率的形式从定子侧输出（馈出）到电网，如图 7-17 所示。

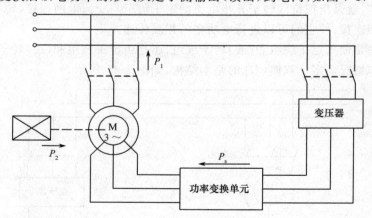

图 7-17 转差功率输入状态

4. 异步电动机转子附加电动势的作用

异步电动机运行时其转子相电动势为

$$E_2 = sE_{20} \tag{7-7}$$

式中　s——异步电动机的转差率；

E_{20}——绕线转子异步电动机在转子不动时的相电动势,或称转子开路电动势,也就是转子额定相电压值。

转子相电流的表达式为

$$I_2 = \frac{sE_{20}}{\sqrt{R_2^2 + (sX_{20})^2}} \tag{7-8}$$

式中　R_2——转子绕组每相电阻;

　　　X_{20}——$s=1$ 时的转子绕组每相漏抗。

在绕线转子异步电动机的转子中引入转子附加电动势 E_{add},该附加电动势与转子电动势有相同的频率,可同相或反相串接,如图 7-18 所示。

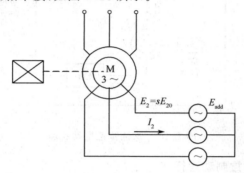

图 7-18　绕线转子异步电动机引入附加电动势

绕线转子异步电动机在外接附加电动势时,转子回路的相电流表达式为

$$I_2 = \frac{sE_{20} \pm E_{add}}{\sqrt{R_2^2 + (sX_{20})^2}} \tag{7-9}$$

转子附加电动势的作用如下:

如果 E_2 与附加电动势 E_{add} 同相,当附加电动势 E_{add} 增大时,则($sE_{20} \pm E_{add}$)的值增大,将导致转子电流 I_2 增大,引起绕线转子异步电动机转矩增大,因此转速增大。当转速提升后造成转差率 s 降低,使得 $s_1E_{20} + E_{add} = s_2E_{20} + E'_{add}$,此时的 $s_1 > s_2$,即转速增大。

当附加电动势 E_{add} 减小时,则($sE_{20} \pm E_{add}$)的值减小,将导致转子电流 I_2 减小,引起绕线转子异步电动机转矩减小,因此转速降低。当转速下降后造成转差率 s 增大,使得 $s_1E_{20} + E_{add} = s_2E_{20} + E'_{add}$,此时的 $s_1 < s_2$,即转速降低。

同理可知,若减少或串入反相的附加电动势,则可使电动机的转速降低。所以,在绕线转子异步电动机的转子侧引入一个可控的附加电动势,就可调节电动机的转速。

7.2.3　异步电动机双馈调速的五种工况

忽略机械损耗和杂散损耗时,异步电动机在任何工况下的功率关系都可表示为

$$P_m = sP_m + (1-s)P_m \tag{7-10}$$

式中　P_m——从电机定子传入转子(或由转子传出给定子)的电磁功率;

　　　sP_m——输入或输出转子电路的功率,即转差功率;

$(1-s)P_m$——电机轴上输出或输入的功率。

由于转子侧串入附加电动势极性和大小的不同，s 和 P_m 都可正可负，因而可以有以下五种不同的工作情况：

1. 电机在次同步转速下作电动运行

当转子侧每相加上与 E_{20} 同相的附加电动势 $+E_{add}$（$E_{add} < E_{20}$），并把转子三相回路连通。电机作电动运行，转差率为 $0 < s < 1$，从定子侧输入功率，轴上输出机械功率。功率流程如图 7-19 所示。

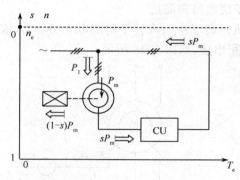

图 7-19　次同步速电动状态

2. 电机在反转时作倒拉制动运行

进入倒拉制动运行的必要条件是电机轴上带有位能性恒转矩负载，此时逐渐减少 $+E_{add}$ 值，并使之反相变负，只要反相附加电动势 $-E_{add}$ 有一定数值，则电机将反转。电机进入倒拉制动运行状态，转差率 $s > 1$，此时由电网输入电机定子的功率和由负载输入电机轴的功率两部分合成转差功率，并从转子侧馈送给电网。此时 $P_m + |(1-s)P_m| = sP_m$，功率流程如图 7-20 所示。

3. 电机在超同步转速下作回馈制动运行

进入这种运行状态的必要条件是有位能性机械外力作用在电机轴上，并使电机能在超过其同步转速 n_1 的情况下运行。此时，如果处于发电状态运行的电机转子回路再串入一个与 sE_{20} 反相的附加电动势 $+E_{add}$，电机将在比未串入 $+E_{add}$ 时的转速更高的状态下作回馈制动运行。电机处在发电状态工作，$s > 1$，电机功率由负载通过电机轴输入，经过机电能量变换分别从电机定子侧与转子侧馈送至电网。此时 $|P_m| + |sP_m| = |(1-s)P_m|$，功率流程如图 7-21 所示。

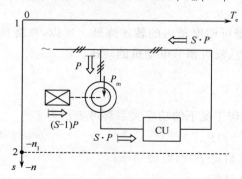

图 7-20　反转倒拉制动状态

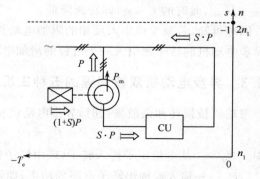

图 7-21　超同步速回馈制动状态

4. 电机在超同步转速下作电动运行

设电机原已在 $0<s<1$ 作电动运行,转子侧串入了同相的附加电动势 $+E_{\text{add}}$,轴上拖动恒转矩的反抗性负载。当接近额定转速时,如继续加大 $+E_{\text{add}}$ 电机将加速到的新的稳态下工作,即电机在超过其同步转速下稳定运行。电机的轴上输出功率由定子侧与转子侧两部分输入功率合成,电机处于定、转子双输入状态,其输出功率超过额定功率,此时 $P_{\text{m}}-sP_{\text{m}}=(1-s)P_{\text{m}}$,功率流程如图 7-22 所示。

5. 电机在次同步转速下作回馈制动运行

很多工作机械为了提高其生产率,希望电力拖动装置能缩短减速和停车的时间,因此必须使运行在低于同步转速电动状态的电机切换到制动状态下工作。设电机原在低于同步转速下作电动运行,其转子侧已加入一定的 $+E_{\text{add}}$。要使之进入制动状态,可以在电机转子侧突加一个反相的附加电动势。在低于同步转速下作电动运行,E_{add} 由"+"变为"-",并使 $|-E_{\text{add}}|$ 大于制动瞬时的 sE_{20},电机定子侧输出功率给电网,电机成为发电机处于制动状态工作,并产生制动转矩以加快减速停车过程。电机的功率关系为 $|P_{\text{m}}|=(1-s)|P_{\text{m}}|+s|P_{\text{m}}|$,功率流程如图 7-23 所示。

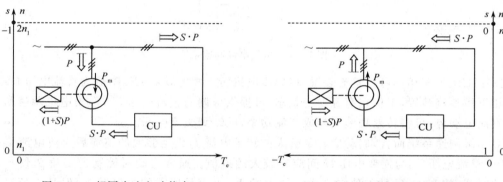

图 7-22　超同步速电动状态　　　　　图 7-23　次同步速回馈制动状态

五种工况都是异步电机转子加入附加电动势时的运行状态。在工况前三种工况中,转子侧都输出功率,可把转子的交流电功率先变换成直流,然后再变换成与电网具有相同电压与频率的交流电功率。

7.2.4　绕线转子异步电动机串级调速系统(在次同步电动状态下的双馈系统)

如前所述,在异步电动机转子回路中附加交流电动势调速的关键就是在转子侧串入一个可变频、可变幅的电压。对于只用于次同步电动状态的情况来说,比较方便的办法是将转子电压先整流成直流电压,然后再引入一个附加的直流电动势,控制此直流附加电动势的幅值,就可以调节异步电动机的转速。

这样,就把交流变压变频这一复杂问题,转化为与频率无关的直流变压问题,对问题的分析与工程实现都方便了许多。

通常对直流附加电动势的技术要求:首先,它应该是可平滑调节的,以满足对电动机转速平滑调节的要求;其次,从节能的角度看,希望产生附加直流电动势的装置能够吸收从异步电动机转子侧传递来的转差功率并加以利用。

根据以上两点要求,较好的方案是采用工作在有源逆变状态的晶闸管可控整流装置作为产生附加直流电动势的电源。按照上述原理组成的异步电机在低于同步转速下作电动状态运行的双馈调速系统,如图 7-24 所示,习惯上称之为电气串级调速系统。

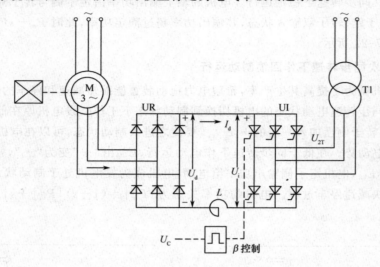

图 7-24   电气串级调速系统

图中 UR 为三相不可控整流装置,将异步电机转子相电动势 sE_{r0} 整流为直流电压 U_d。UI 为三相可控整流装置,工作在有源逆变状态,可提供可调的直流电压 U_i,作为电机调速所需的附加直流电动势;可将转差功率变换成交流功率,回馈到交流电网。

对串级调速系统而言,启动应有足够大的转子电流 I_2 或足够大的整流后直流电流 I_d。为此,转子整流电压 U_d 与逆变电压 U_i 间应有较大的差值。通常启动时控制逆变角 β,使在启动开始的瞬间,使 U_d 与 U_i 的差值能产生足够大的 I_d,以满足所需的电磁转矩,但又不超过允许的电流值,这样电动机就可在一定的动态转矩下加速启动。随着转速的增高,相应地增大 β 角以减小 U_i 值,从而维持加速过程中动态转矩基本恒定。

调速的基本原理是通过改变 β 角的大小调节电动机的转速。调速过程为
$$\beta \uparrow \rightarrow U_i \downarrow \rightarrow I_d \uparrow \rightarrow T_e \uparrow \rightarrow n \uparrow \rightarrow K_1 sE_{r0} \uparrow \rightarrow I_d \downarrow \rightarrow T_L = T_e$$

串级调速系统没有制动停车功能。只能靠减小 β 角逐渐减速,并依靠负载阻转矩的作用自由停车。

串级调速系统能够靠调节逆变角 β 实现平滑无级调速。系统能把异步电动机的转差功率回馈给交流电网,从而使扣除装置损耗后的转差功率得到有效利用,大大提高了调速系统的效率。

习   题

一、判断题

1. 交流力矩电动机堵转工作也不致烧坏电动机。   （   ）

2. 由于交流力矩电动机的开环机械特性很硬,且开环调压调速的调速范围大,因此调压调速需要采用闭

环调速系统。　　　　　　　　　　　　　　　　　　　　　　　　　　　　　（　　）

3. 尽管异步力矩电动机的机械特性很软,但由系统放大系数决定的闭环系统静特性却可以很硬。　（　　）

4. 但要利用转差功率,就必须使异步电动机的转子绕组有与外界实现电气联结的条件,显然绕线转子电动机难以胜任,只有鼠笼式电动机才能做到。　　　　　　　　　　　　　　　　（　　）

5. 所谓"双馈",就是指把绕线转子异步电动机的定子绕组与交流电网连接,转子绕组与其他含电动势的电路相连接,使它们可以进行电功率的相互传递。　　　　　　　　　　　　　　（　　）

6. 串级调速系统能够靠调节逆变角 β 实现平滑无级调速。　　　　　　　　　　　（　　）

二、简答题

1. 通常调压调速有哪三种方法?

2. 请说明三相交流调压电路正常工作时对触发电路有什么要求?

3. 交流调速系统按转差功率的处理方式可分为哪三种类型?

4. 简述异步电机双馈调速的五种工况。

5. 串级调速通常对直流附加电动势的技术要求有哪些?

附　录

本书图形符号表

图形符号	名称	图形符号	名称
GE ⎓	直流励磁发电机	U_n^* 转速给定	转速给定
M 3～	三相交流电动机	运算放大器 ▷∞	运算放大器
G ⎓	直流发电机	TG	直流测速发电机
M ⎓	直流电动机	U_n + ⊗ 偏差 − U_n 反馈量	比较环节
GT ⎓	触发脉冲装置	ΔU_n → K_P → U_c	比例调节器稳态模型
VT 晶闸管变流器	晶闸管变流器	U_c → K_S → U_d	晶闸管稳态等效模型
L	平波电抗器	I_d ↓ R , U_d → ⊗ → E → $\frac{1}{C_e}$	直流电机稳态模型
～ 二极管整流器	二极管整流器	U_u ← α ← n	转速反馈环节稳态模型
			比例积分调节器稳态模型
▷⊢	二极管	U_u ← γ ←	电压反馈环节稳态模型

图形符号	名称	图形符号	名称
I_d	电流取样	VT	双向晶闸管
U_i β I_d	电流反馈环节稳态模型	B	光耦合器
D_z	稳压二极管	T_R 或 T_R	变压器
ΔU_n ASR U_i	转速调节器		
ΔU_i ACR U_c	电流调节器		
	接触器触点		三相调压器
V	晶闸管		
AR -1	反相器		绕线式异步电动机
U_{i0} U_i^* DLC U_{1f} U_{1f}	无环流控制器	M 3~	
VT	IGBT	CU	功率变换单元
VT	GTR		
MS	永磁式或磁阻式同步电机	TI	三相变压器

参 考 文 献

[1] 史国生. 交直流调速系统[M]. 2版. 北京:化学工业出版社,2011.

[2] 刘建华,张静之. 交直流调速应用[M]. 上海:上海科学技术出版社,2007.

[3] 冯丽平. 交直流调速系统综合实训[M]. 北京:电子工业出版社,2009.

[4] 张红莲. 交直流调速控制系统[M]. 北京:中国电力出版社,2011.

[5] 陈相志. 交直流调速系统[M]. 北京:人民邮电出版社,2011.

[6] 魏连荣. 交直流调速系统[M]. 北京:北京师范大学出版社,2008.

[7] 阮毅. 电力拖动自动控制系统:运动控制系统[M]. 北京:机械工业出版社,2010.

[8] 张承慧. 交流电机变频调速及其应用[M]. 北京:机械工业出版社,2008.

[9] 冯垛生. 交流调速系统[M]. 北京:机械工业出版社,2008.

[10] 许期英. 交流调速技术与系统[M]. 北京:化学工业出版社,2010.

[11] 张静之,刘建华. 电气自动控制综合应用[M]. 上海:上海科学技术出版社,2007.

[12] 杨洋,刘建华,庄德渊. 高级维修电工理论教程[M]. 苏州:苏州大学出版社,2012.

[13] 张静之,刘建华. 高级维修电工实训教程[M]. 北京:机械工业出版社,2011.

[14] 柴敬镛,王照清. 维修电工(高级)下册[M]. 北京:中国劳动和社会保障出版社,2003.

[15] 张孝三,杨洋,刘建华. 维修电工(高级)[M]. 上海:上海科学技术出版社,2007.